P.D. OUSPENSKY
BEWUSSTSEIN UND GEWISSEN

P. D. OUSPENSKY

BEWUSSTSEIN UND GEWISSEN

DIE SUCHE NACH WAHRHEIT

SPHINX VERLAG BASEL

Aus dem Englischen
von Rolf H. Gleichmann

CIP-Kurztitelaufnahme der Deutschen Bibliothek

Ouspensky, Peter D.:
Bewusstsein und Gewissen: d. Suche nach Wahrheit/
P. D. Ouspensky. (Aus d. Engl. von Rolf
Gleichmann). – Basel: Sphinx-Verlag, 1982.
Orig.-Ausg. u. d. T.: Ouspensky, Peter D.:
Conscience
ISBN 3-85914-141-4

1982

Originaltitel: Conscience

Umschlaggestaltung: Thomas Bertschi
Umschlagbild: Beat Frank
Produktion: Charles Huguenin
Gesamtherstellung: Zobrist & Hof AG, Pratteln
Printed in Switzerland
ISBN 3-85914-141-4

Inhalt

Einführung

Wenn man sich einem der von P. D. Ouspensky veröffentlichten Werke nähert, von *Tertium Organum* (zuerst in Russland im Jahre 1912 herausgegeben, später übersetzt und 1920 in England veröffentlicht und seither viele Male neu aufgelegt) bis zu dieser neuen Sammlung kurzer Arbeiten, so ist es wichtig, sich zu vergegenwärtigen, dass Ouspensky selbst wenig Vertrauen in das geschriebene Wort als vorrangige Methode zur Erlangung der Wahrheit gesetzt hatte. Nicht dass «O» (wie ihn Mitglieder seines Kreises untereinander nannten) Bildung und das Verlangen nach Zugang zu Wissen im geringsten verachtet hätte. Ouspensky war selbst ein unersättlicher aber kritischer Leser, und im Alter von sechs Jahren las er erstmals Turgenjew – in so jungen Jahren ein klarer Hinweis auf sein aussergewöhnliches Talent. Mit zwölf Jahren hatte er den grössten Teil der ihm zugänglichen naturwissenschaftlichen und psychologischen Literatur verschlungen. Als er sechzehn war, hatte er sich laut eigenem Zeugnis entschlossen, keinen offiziellen Abschluss zu erwerben, sondern seine Studien auf jene Aspekte des Wissens zu konzentrieren, die ausserhalb und über den traditionellen Wissensgebieten standen. «Die Professoren töten die Wissenschaft», sagte er, «genauso, wie die Priester die Religion töten.» Seinem Empfinden nach ging keine der etablierten Wissenschaften in der Erforschung anderer Dimensionen, die es gewiss gab, weit genug; sie blieben im «leeren Raum» stehen, wie er sich ausdrückte.

Ouspenskys späterer Widerwille, sich auf das geschriebene Wort als Mittel, Wissen weiterzugeben, zu verlassen, beruhte auf zwei Hauptpunkten, beide wesentlicher Teil des Systems, das er lehrte. Erstens, die Wichtigkeit, an der eigenen Entwicklung mit und durch eine Schule oder den strukturierten Kontext einer Gruppe zu arbeiten. Ouspenskys Philosophie beruhte auf der Vorstellung, dass der Mensch eine Maschine ist, die sich in einem traumähnlichen, mechanischen Zustand durch ihre Existenz bewegt, und dass er, um sein gesamtes Potential zu erschliessen, mittels disziplinierter Bemühungen, «sich seiner selbst zu erinnern», erwachen muss – fähig zu sein, jederzeit seiner selbst voll gewahr zu werden. Sich seiner selbst zu erinnern ist schwer und erfordert eine Reihe von Schritten in einer bestimmten Folge zusammen mit der Hilfe einer Schule; die mögliche Belohnung ist das Erlangen objektiven Bewusstseins mittels Selbst-Studiums, Kontrolle und Umwandlung negativer Gefühle. Dies ist ein erwachter Zustand, in dem ein Mensch, von seinem Zustand des Wach-Schlafs befreit, fähig ist, die höhere Wirklichkeit («esoterisches Wissen») wahrzunehmen, die ihm in seinem gewöhnlichen, unentwickelten Seinszustand verborgen ist. Der Schlüssel zu all diesem bildet natürlich die Arbeit innerhalb der Schule, die auf dem Prinzip beruht, dass die Entwicklung von Wissen und das Wachsen des Seins gemeinsam zum rechten Verstehen fortschreiten müssen. Im Unterschied zu vielen anderen Systemen kann dasjenige von Ouspensky dem Einzelnen nicht allein mittels Kontemplation Erfolg bringen oder lediglich durch Anwenden der intellektuellen Fähigkeiten zum Verstehen führen. Aus diesem Grund betonte Ouspensky sein Leben lang, dass «das System aus keinem Buch erlernt werden kann». Obwohl gelegentlich Kapitel aus seinem Buch *Auf der Suche nach dem Wunderbaren: Perspektiven der Selbsterfahrung und Welterkenntnis* älteren Mitgliedern seiner Londoner Gruppen laut vorgelesen wurden, geschah dies nicht nur zur Anregung von Diskussionen, sondern auch, um das Niveau und die Intensität der ursprünglichen russischen Gruppe zu demonstrieren. Folglich könnten alle Bücher Ouspenskys eher als Einführung in die Arbeit des Systems denn als «Reiseführer» angesehen werden, mit deren Hilfe sich diese Arbeit unternehmen liesse.

Der zweite Hauptpunkt für Ouspenskys Zweifel am Wert von Büchern als Lehr-Mittel war sein eigener beträchtlicher Respekt vor der Macht des Wortes. Als hervorragender Journalist im vorrevolutionären Russland hatte Ouspensky seinen Lebensunterhalt mit dem Wort verdient und war sich sowohl dessen Wirksamkeit als auch der Schwierigkeit es zu handhaben, bewusst. Auf einem Blatt wohl zusammengestellte Worte können einen Gedanken vermitteln, wie es die gewöhnliche Rede nicht vermag; andererseits kann ein minder vollkommen geschriebener Satz, eben durch seine Verschwommenheit, mehr verbergen als enthüllen. Ouspensky war sich der Wichtigkeit des richtigen Wortes im richtigen Kontext so bewusst, dass er oftmals ein Manuskript wieder und wieder überarbeitete, was nach Abschluss der ersten Fassung Jahre beanspruchte. Ein typisches Beispiel ist seine Novelle *Strange Life of Ivan Osokin,* 1905 geschrieben, aber erst 1915 veröffentlicht. Verschiedene seiner Bücher, einschliesslich des bekannten *Auf der Suche nach dem Wunderbaren,* hatte er überhaupt nie zur Veröffentlichung freigegeben. *Auf der Suche nach dem Wunderbaren* erschien als Manuskript bereits 1925, wurde in den dreissiger Jahren den Mitgliedern seiner Londoner Gruppe laut vorgelesen, durchlief eine Anzahl Revisionen und war bei Ouspenskys Tod im Jahre 1947 immer noch unveröffentlicht.

Leute, die Ouspensky gut kannten und an seinen Treffen oft teilnahmen, erinnern an den Nachdruck, den er auf die Wahl des passenden Wortes legte, um einen bestimmten Zustand zu definieren, an seine Weigerung, sich mit religiösem und philosophischem Jargon einzulassen sowie an seine klare Erkenntnis, dass jede Behauptung ihre Bedeutung verliert, wenn sie aus ihrem Zusammenhang genommen wird. Einer seiner ehemaligen Schüler erklärte, dass er, wenn jemand eine Frage mit «Mr. Ouspensky sagte letzte Woche ...» begann, sich die Frage zu Ende anhörte und dann fragte, «aber in welchem Zusammenhang sagte ich das?» Sie erinnern sich auch seines Respektes vor der recht erschreckenden Autorität des veröffentlichten Wortes – das heisst vor der Aussicht, dass eine Philosophie, einmal in einem Buch festgehalten, Gefahr läuft, darin beerdigt, Objekt endloser Analyse oder als Evangelium genommen zu werden, so dass sie so tot wird wie die Gesetze der Meder und Perser. Daher Ouspenskys Erkenntnis, wie riskant die Entscheidung ist, ein Buch zu veröffentlichen und seine Vorsicht hinsichtlich des Entschlusses, sein eigenes Werk zwischen festen Deckeln zu sehen.

Ouspensky war ein Meister sowohl des gesprochenen als auch des geschriebenen Wortes. Er war in erster Linie ein Lehrer, und die fünf Arbeiten in diesem kleinen Band sind nicht das Produkt eines Mannes, der zurückgezogen eine Studie verfasst, sondern das eines Lehrers, der ein System von Gedanken erläutert, die nur mittels besonnener Fragen seitens seiner Zuhörer und ihres aufrichtigen Wunsches zu lernen allmählich gewürdigt und richtig verstanden werden konnten. Sechsundzwanzig Jahre lang (1921–47) leitete Ouspensky Treffen, bei denen Leute, die an der Arbeit mit dem System interessiert waren, eine grundlegende Vorlesung hören und dann deren Bedeutung für sich selbst klären konnten, indem sie präzise Fragen stellten (die richtige Formulierung einer Frage war wichtiger Teil der Selbst-Zucht, die Ouspensky forderte). Wie sich eines der Mitglieder von «O»'s Kreis erinnert:

> Die Vorträge sind für ihn einmal wöchentlich über einen Zeitraum von drei Monaten Gruppen von sechzig oder siebzig Leuten vorgelesen worden. Die Treffen dauerten zwei Stunden; gewöhnlich wurde bei jedem Treffen eine halbe Lektion gelesen, und dann wurde dazu eingeladen, Fragen zu stellen, die Ouspensky selbst beantwortete ... Von den meisten Treffen Ouspenskys wurden stenografische Aufzeichnungen aufbewahrt, und zahlreiche Auszüge aus ihnen wurden nach seinem Tode zusammengestellt und als *The Fourth Way* im Jahre 1957 veröffentlicht. In diesem Buch findet sich viel Studienmaterial ... aber die Goldkörner sind schwer herauszupicken.

Der vorliegende Band besteht aus fünf kurzen Aufsätzen, die ursprünglich nach Ouspenskys Tod und vor der Zusammenstellung des *Fourth Way* in den Jahren 1952–1955 als Bücher gedruckt worden sind. Die Bücher sind zwecks privater Verteilung gedruckt worden – in keinem Fall mehr als dreihundert Kopien – sie kamen nicht in den Verkauf und waren bis anhin für die Allgemeinheit nicht erhältlich.

Wie *The Fourth Way* stammt der Inhalt der fünf Bücher in diesem Band aus Äusserungen Ouspenskys anlässlich seiner Treffen; anders als in der Weite jenes grösseren Bandes konzentriert sich hier jeder Essay auf einen wichtigen Lehrsatz des Systems, so dass die «Goldkörner» leichter «herausgelöst» werden können. Der Wert, diese Konzepte unter den jeweiligen Begriff gebracht und zusammengestellt zu finden, besteht darin, dass die Aufsätze insgesamt die praktisch psychologische Seite des von Ouspensky vermittelten Systems abdecken; separat genommen, kann jeder Essay in einer einzigen Sitzung erfasst werden und somit als «Schlüssel» dienen, um sich dem Reichtum an Material zu nähern, der in Ouspenskys ausführlicheren Büchern enthalten ist. Grösste Sorgfalt waltete bei der Auswahl von Passagen aus Abschriften der Treffen Ouspenskys, um sie auf lange Sicht herauszugeben und um Verzerrung oder Ausschmükkung der Gedanken Ouspenskys zu vermeiden. In nahezu jedem Falle wurden Ouspenskys Kommentare «wörtlich» aufgezeichnet. Natürlich sollte man daran denken, dass die Zusammenkünfte, aus denen die Mitschriften stammen, sich über einen Zeitraum von nahezu dreissig Jahren erstrecken und dass Ouspensky seine Vorstellungen während dieser Jahre erweiterte, vertiefte und verbesserte. Ausserdem hängt das vollständige Verstehen einiger Begriffe, die in diesen Aufsätzen verwendet worden sind, von «speziellen Bedeutungen in Zusammenhang mit einem System des Vierten Wegs, das Ouspensky lehrte», ab. Wer einen zusammenhängenden Überblick über Ouspenskys Philosophie oder eine weiterführende Ausarbeitung der Bedeutung bestimmter Begriffe, die in diesem Buch verwandt werden, sucht, sollte von diesen «Proben» zu seinen ausführlicheren Büchern übergehen, die *Ein neues Modell des Universums; Auf der Suche nach dem Wunderbaren: Perspektiven der Selbster-*

kenntnis und Welterfahrung; und *Vom Inneren Wachstum des Menschen* umfassen. Nach Ouspenskys Tod veröffentlicht, enthält dies kleine Buch den Text der Vorträge, die neuen Leuten bei Ouspenskys Treffen während des vier bis sechs Monate dauernden Einführungsganges vorgelesen wurden. Man war der Ansicht, dass dieses Lesen «unentbehrlich ... für ein ernsthaftes Studium der Ideen» sei. Trotz der vorausgegangenen Warnungen braucht der nicht eingeweihte Leser nicht zu zögern, sich den hier vorliegenden fünf Arbeiten zu nähern, denn vieles in ihnen kann jeder verstehen, der sich, wie vage auch immer, bewusst ist, dass mehr hinter der Existenz steckt, als die eintönigen Muster des Alltagslebens zu enthüllen scheinen. Man kommt nicht umhin, sich beispielsweise von Ouspenskys eindringlichen Worten auf den ersten Seiten von *Erinnerungsvermögen* angesprochen zu fühlen:

> Der Mensch hat gelegentliche Augenblicke von Selbstbewusstsein, aber er hat keine Gewalt über sie. Sie kommen und gehen, beherrscht von äusseren Umständen und gelegentlichen Assoziationen und Gefühlen. Die Frage erhebt sich: Ist es möglich, Herrschaft über diese flüchtigen Augenblicke von Bewusstsein zu erlangen, sie öfter hervorzurufen und sie länger zu erhalten oder sie sogar permanent zu machen?

Seit dem Zweiten Weltkrieg gibt es natürlich ein stetiges Wachsen des öffentlichen Interesses am Studium des «Bewusstseins», nicht wie es die Medizin definiert, sondern als etwas anderes – ein Gewahrsein und Aufnehmen einer Welt über und jenseits unserer gewöhnlichen Erfahrung. Vor allem in den letzten zwanzig Jahren haben wir verschiedene Techniken auftauchen sehen, die versuchen, die Höhe des Bewusstseins oder des «Seins» zu heben; Techniken, die Drogen verwenden bis hin zu jenen, die ganz oder teilweise auf den alten östlichen Religionen beruhen. Zusätzlich zieht sich durch die sogenannten «anerkannten Wissenschaften» ein erneuertes und ernsthaftes Studium auf den Gebieten, die einst als dem Okkulten zugehörig etikettiert wurden: aussersinnliche Wahrnehmung, psychische Phänomene, neue Dimensionen, Biofeedback, Telepathie und andere Gebiete, die einst als Bereich der Wahrsager und Scharlatane angesehen wurden. Man könnte sagen, dass die gesamte heutige Welt wieder zu der Beobachtung zurückkehrt, die vor vierhundert Jahren in *Hamlet* gemacht wurde: «Es gibt mehr Ding' im Himmel und auf Erden, als eure Schulweisheit sich träumen lässt.»

Aus diesen Gründen ist es heute angebracht, diese fünf Bücher wieder herauszugeben, zu einer Zeit, da das Interesse an P.D. Ouspensky und anderen Philosophen wiedererwacht, die, einst ausserhalb des breiten Stroms, vor langer Zeit sagten, dass es «ein Wissen gibt, das alles gewöhnliche menschliche Wissen übertrifft und dem Durchschnittsmenschen unzugänglich ist, das aber irgendwo existiert und jemandem gehört». Ouspenskys Schriften, die nun in der Sammlung von Manuskripten und Urkunden der Bücherei der Yale Universität aufbewahrt sind (die P. D. Ouspensky Gedächtnis Sammlung wurde Kennern anlässlich einer umfassenden Ausstellung im Oktober 1978 zugänglich gemacht) bezeugen ausführlich, dass P.D.O. und seine «Leute» nach einem Weg suchten, höheres Wissen zu erreichen, lange bevor dies modern – oder sogar akzeptabel wurde. Noch verlangte das Befolgen des «Vierten Weges» finanzielle Beiträge, Einnahme von Drogen oder sogar sklavisches Akzeptieren der Darstellungen, die Ouspensky selbst gab – in der Tat erinnert sich einer seiner Kreise: «Er forderte uns auf, keine Ideen zu akzeptieren, die nicht in der Praxis bewiesen werden konnten.» Aber unbedingt notwendig war die Bereitschaft, sein eigenes mechanisches Funktionieren und das Fehlen eines umfassenden Bewusstseins zu akzeptieren sowie den Willen, sich seiner selbst zu erinnern, aufzubieten, um das eine zu überwinden und das andere zu erlangen. Der Leser, der den widerstreitenden Zielen und Methoden vieler heutiger Kulte und Philosophien verwirrt gegenübersteht, sollte in den Zielen Ouspenskys, wie sie in *Scheinpersönlichkeit* ausgedrückt sind, eine willkommene Klarheit finden: «Das Ziel dieses Systems ist, den Menschen zum Bewusstsein zu führen.»

Der Leser wird den meisten Nutzen aus diesen fünf kurzen Arbeiten Ouspenskys ziehen, wenn er sie liest, anstatt *über* sie zu lesen: Dennoch ein paar knappe Erläuterungen:

Erinnerungsvermögen: Auszüge aus den Reden und Schriften von P.D.O. über Erinnerungsvermögen, Selbst-Erinnern und Wiederkehr

Wie die anderen Arbeiten in diesem Band wurde *Erinnerungsvermögen* bei Stourton Press in Cape Town, Süd-Afrika, gedruckt. Es datiert aus dem Jahre 1953. Die ersten vier Abschnitte des Buches können in leicht abgewandelter Form in *Vom inneren Wachstum des Menschen* gefunden werden. Abschnitt fünf wurde aus *Auf der Suche nach dem Wunderbaren* zitiert, die Abschnitte sechs und sieben wurden aus Berichten einiger Treffen Ouspenskys in London und New York zusammengestellt.

Erinnerungsvermögen hat zum Hauptthema, dass wir uns tatsächlich an sehr wenig in unserem Leben erinnern, und zwar deshalb, weil wir *nur* bewusste Augenblicke zurückrufen können. Ouspenskys *Bewusstsein* war nicht einfach das Gegenteil von Schlaf oder Unbewusstsein; es war ein Gewahrsein des Selbst, ein Sich-seiner-selbst-erinnern. Ouspensky bespricht dann, wo wir wahres Selbst-Bewusstsein und damit volles Erinnerungsvermögen sowie die Wertschätzung zu leben erlangen können (im Gegensatz zum blossen Existieren in einem mechanischen Zustand).

Scheinpersönlichkeit: Eine Studie über den imaginären Menschen

Dieses Buch, 1954 veröffentlicht, besteht gänzlich aus Äusserungen Ouspenskys bei den Treffen von 1930 bis 1944. *Scheinpersönlichkeit* gruppiert sich um Ouspenskys Feststellung, «der Grundzug unseres Seins ist, dass wir viele sind, nicht einer». Weil der Mensch sich seiner selbst nicht völlig gewahr ist, bemerkt er auch die vielen widersprüchlichen Wünsche, Glaubenssätze, Gefühle und Vorurteile nicht, die ihn von einem Augenblick zum anderen treiben; er hat kein «Gravitationszentrum», und aus diesem Mangel ist er unfähig, ein festes Ziel für eine längere Zeit aufrecht zu erhalten. Obschon der Mensch sich einbilden kann, die Richtung seines Lebens bestimmen zu können, wird er in Wahrheit durch einen Kreis von äusseren Einflüssen von einem Wunsch zum anderen gestossen. Der Mensch kann diesen Zustand nur überwinden, wenn er seines vielfältigen Selbst gewahr wird und danach trachtet, sein wahres Selbst zu entwickeln, indem er aufhört, negative Gefühle, Identifikationen, Lügen und andere Teile seiner falschen Persönlichkeit auszuleben.

Eigenwille: Eine Sammlung von Äusserungen P.D. Ouspenskys, die sich hauptsächlich auf die Notwendigkeit beziehen, den Eigenwillen als Vorbereitung für das Wachsen des Willens zu unterwerfen

Zweihundert Kopien dieses Buches wurden 1955 in Cape Town gedruckt; der Text stammte aus Antworten und Fragen, die in Treffen mit P.D. Ouspensky in London und New York zwischen 1935 und 1944 gestellt wurden. Der Mensch, sagt Ouspensky, hat keinen Willen, lediglich Eigenwillen («die Dinge nach unserem eigenen Geschmack haben zu wollen») und Eigensinn («etwas tun zu wollen, einfach, weil wir es nicht tun sollten»). Beide entspringen momentanen Wünschen der vielen «Ichs» oder «Selbste», aus denen der Mensch besteht. Wahrer Wille findet sich nur in bewussten Menschen und ist ein Ziel, das durch das System erlangt werden kann; wir erwerben Willen, indem wir uns mittels des Systems in Arbeit üben, in einer Schulsituation. Eigenwille und Eigensinn sind besonders schwer zu beseitigen, denn sie sind Teil unserer Illusion, dass wir bereits bewusst sind und «tun» können, das heisst, eher etwas aus unabhängiger Absicht zustande zu bringen als aus einer mechanischen, reflexhaften Reaktion auf äussere Einflüsse.

Eine Synthese aus einigen Reden und Schriften von P.D.O. über das Thema: Negative Gefühle

Diese Arbeit, ursprünglich 1953 gedruckt, war unveröffentlichten Reden und Schriften P.D.O.'s entnommen, mit Ausnahme einiger Begriffserläuterungen, die aus den privat veröffentlichten *Psychologischen Lesungen,* 1934–40, stammen. «Negative Gefühle» sind alle Gefühle der Gewalt oder Depression. Ouspensky behauptete, solche Gefühle seien nutzlos und zerstörerisch, und dass sie trotz unserer das Gegenteil behauptenden Proteste nicht aufgrund äusserer Provokationen aufträten, sondern aus uns selbst stammen. Wie auch immer, negative Gefühle sind künstlich – sie entspringen der Identifikation (unserer Unfähigkeit, uns selbst von Gegenständen, Leuten oder Emotionen um uns herum zu distanzieren) und können daher zerstört werden, sobald wir sie bemerken und sie mittels Selbst-Erinnern zu beseitigen versuchen. Der erste Schritt zur Entfernung negativer Gefühle besteht darin, sie in ihrem Ausdruck zu beschränken; wenn dies geschieht, wird es möglich, an die Wurzeln der negativen Gefühle selbst zu rühren.

Bemerkungen zur Arbeit

Bemerkungen zur Arbeit, zuerst 1952 gedruckt, besteht aus drei kurzen Aufsätzen: «Bemerkungen zum Entschluss zu arbeiten», «Bemerkungen zur Arbeit an sich selbst» und «Was ist die Schule?». Alle befassen sich mit dem Grad individueller Verpflichtung, die von jemandem verlangt wird, der die Arbeit im System beginnt. Die Hauptbotschaft der *Bemerkungen zur Arbeit* ist in Ouspenskys einleitendem Abschnitt enthalten: «Denken Sie sehr ernsthaft nach, bevor Sie sich entschliessen, an sich mit der Absicht zu arbeiten, sich selbst zu ändern ... diese Arbeit lässt keine Kompromisse zu und verlangt eine grosse Menge Selbst-Disziplin und Bereitschaft, allen Regeln zu gehorchen ...»

Diese fünf Bücher wurden vormals in sehr begrenzter Menge gedruckt und einer kleinen Gruppe von Leuten zugänglich gemacht, die sich seit Jahren dem Studium der Philosophie Ouspenskys gewidmet hatten. Der Entschluss, *Erinnerungsvermögen, Scheinpersönlichkeit, Eigenwille, Negative Gefühle* und *Be-*

merkungen zur Arbeit neu zu drucken, um sie einem grösseren Leserkreis vorzustellen, beruht auf einer erneuten öffentlichen Begeisterung, die sich grossenteils in Form von Nachfragen über die P. D. Ouspensky Gedächtnis Sammlung in der Bibliothek der Yale Universität äussert. Es bleibt zu hoffen, dass die Vielen, die Ouspensky hierdurch und auf anderen Wegen begegnet sind, durch die Entdeckung dieser bemerkenswerten neuen Sammlung eine tiefere Einsicht in P.D.O. – und sich selbst – erlangen werden.

Merrily E. Taylor

Erinnerungsvermögen

Auszüge aus den Reden und Schriften
P. D. Ouspenskys über Erinnerungsvermögen,
Selbst-Erinnern und Wiederkehr

Vorwort

Die Absicht des Kapitels *Erinnerungsvermögen* ist es, zusammenzustellen, was Ouspensky über Erinnerungsvermögen, Selbst-Erinnern und Wiederkehr gesprochen und geschrieben hat. Der Inhalt von *Erinnerungsvermögen* ist nicht endgültig, sondern soll das ergänzen, was Ouspensky über diese Themen in *Tertium Organum* und *Ein neues Modell des Universums* schrieb. *Erinnerungsvermögen* kann nicht ohne Bezug auf jene Bücher verstanden werden und ohne Ouspenskys System, den Vierten Weg zu studieren, zu kennen.

Die ersten vier Abschnitte dieses Buches finden sich in leicht unterschiedlicher Form in *Vom inneren Wachstum des Menschen.* Abschnitt fünf stammt aus *Auf der Suche nach dem Wunderbaren.* Die Abschnitte sechs und sieben wurden aus Aufzeichnungen einiger Treffen Ouspenskys in London und New York erstellt. Die beiden Abschnitte verwenden nicht immer Ouspenskys genaue Worte, weil eine wörtliche Wiedergabe von Frage und Antwort zu weitschweifig wäre, jedoch wurde sorgfältig darauf geachtet, den Sinn von Ouspenskys Worten in keiner Weise zu verändern oder auszuschmücken.

Inhalt

1

Im gewöhnlichen Sprachgebrauch wird das Wort Bewusstsein meist als gleichbedeutend mit dem Wort Intelligenz (im Sinne von geistiger Aktivität) oder als Alternative dafür verwendet. In Wirklichkeit ist Bewusstsein eine besondere Art von «Gewahrsein» im Menschen, Gewahrsein seiner selbst, Gewahrsein dessen, was er ist, was er fühlt oder denkt oder wo er sich augenblicklich befindet.

Gemäss dem System, das wir studieren, hat der Mensch die Möglichkeit zu vier Bewusstseinszuständen. Diese sind: *Schlaf, Wachen, Selbstbewusstsein* und *objektives Bewusstsein.* Aber obgleich der Mensch die Möglichkeit dieser vier Bewusstseinszuständen hat, lebt er nur in zwei Zuständen: Einen Teil seines Lebens verbringt er im Schlaf und den anderen im sogenannten «Wachzustand», obwohl sich dieser sehr wenig vom Schlaf unterscheidet.

Was unser gewöhnliches Erinnerungsvermögen, oder Augenblicke des Erinnerns betrifft, so erinnern wir uns nur der Augenblicke des Bewusstseins, obwohl wir nicht sehen, dass dem so ist.

Was Gedächtnis im technischen Sinne bedeutet, werde ich später erklären. Nun möchte ich einfach, dass Sie Ihre Aufmerksamkeit auf Ihre eigenen Beobachtungen in bezug auf das Erinnerungsvermögen lenken. Sie werden bemerken, dass Sie Dinge unterschiedlich erinnern: An einiges erinnern Sie sich noch recht lebhaft, an anderes sehr vage und an einige Dinge erinnern Sie sich überhaupt nicht. Sie *wissen* lediglich, dass sie stattfanden.

Das heisst, wenn Sie zum Beispiel wissen, dass Sie vor einiger Zeit an einen bestimmten Ort gingen, um mit jemandem zu sprechen, so mögen Sie sich vielleicht an zwei oder drei Dinge erinnern, die in Verbindung zu Ihrem Gespräch mit dieser Person stehen; aber möglicherweise erinnern Sie sich überhaupt nicht, wie Sie dorthin gelangten oder wie Sie zurückkamen. Wenn man Sie nun fragt, ob Sie sich erinnern, wie Sie dorthin kamen und wieder zurückkehrten, so werden Sie sagen, dass Sie sich deutlich erinnern, während Sie es in Wirklichkeit lediglich wissen und *wissen,* wohin Sie gingen; aber Sie *erinnern* sich nicht, ausgenommen von eventuell zwei oder drei Gedächtnisblitzen.

Sie werden erstaunt sein, wenn Sie erkennen, an wie wenig Sie sich in Wirklichkeit erinnern. Und es geschieht auf diese Art, weil Sie sich *nur der Augenblicke erinnern, in denen Sie bewusst waren.* Sie werden besser verstehen, was ich meine, wenn Sie versuchen, Ihren Geist so weit Sie können auf Ihre frühe Kindheit zurückzulenken, oder auf jeden Fall auf etwas, das vor langer Zeit geschah. Dann werden Sie erkennen, an wie wenig Sie sich tatsächlich erinnern und wieviel es gibt, von dem Sie lediglich *wissen* oder *gehört haben, dass es stattfand.*

Daher können wir in bezug auf den dritten Bewusstseinszustand sagen, dass der Mensch gelegentliche Augenblicke von Selbstbewusstsein hat, jedoch kann er diese nicht beherrschen. Sie kommen und gehen von selbst, und werden von äusseren Umständen und gelegentlichen Assoziationen oder Gefühlen bestimmt.

Die Frage taucht auf: Ist es möglich, Herrschaft über diese flüchtigen Augenblicke von Bewusstsein zu erlangen, sie öfter hervorzurufen und länger zu halten, oder sie sogar permanent zu machen?

2

Der erste oder niedrigste Bewusstseinszustand ist Schlaf ... Der Mensch ist von Träumen umgeben ... Rein subjektive Bilder – entweder Spiegelungen früherer Erfahrungen oder Spiegelungen vager Wahrnehmungen des Augenblicks, wie Geräusche, die den Schlafenden erreichen, Empfindungen, die aus dem Körper stammen, leichtere Schmerzen, Verspannungsgefühle – fliegen durch den Geist (Mind) und hinterlassen nur eine sehr schwache Spur im Gedächtnis und oft überhaupt gar keine.

Der zweite Bewusstseinszustand tritt auf, wenn der Mensch erwacht. Diesen zweiten Zustand – der Zustand, in dem wir jetzt sind; den Zustand, in dem wir arbeiten, sprechen, uns für bewusste Wesen halten und so weiter – bezeichnen wir gewöhnlich als «Wach-Bewusstsein» oder «klares Bewusstsein», aber er sollte in Wirklichkeit «Wach-Schlaf» oder «relatives Bewusstsein» heissen.

Im Zustand des Schlafs können wir Schimmer relativen Bewusstseins haben. Im Zustand des relativen Bewusstseins können wir Schimmer von Selbstbewusstsein haben. Aber wenn wir ausgedehntere Perioden von Selbstbewusstsein und nicht nur flüchtige Einblicke haben wollen, müssen wir verstehen, dass sie nicht von alleine kommen können. Sie erfordern *willentliches Handeln.* Das heisst, dass Häufigkeit und Dauer von Augenblikken des Selbstbewusstseins von der Herrschaft abhängen, die man über sich selbst hat. Daher bedeutet dies auch, dass Bewusstsein und Wille nahezu ein und dasselbe sind oder auf jeden Fall Aspekte der selben Sache.

Nun müssen wir verstehen, dass das erste Hindernis auf dem Wege zur Entwicklung des Selbstbewusstseins im Menschen seine Überzeugung ist, dieses bereits zu besitzen oder es zumindest in dem Augenblick haben zu können, in dem er es wünscht. Es ist sehr schwer, einen Menschen davon zu überzeugen, dass er nicht bewusst ist und nicht nach Belieben bewusst werden kann. Es ist dies besonders schwer, da ihm die Natur hier einen seltsamen Streich spielt. Wenn Sie jemanden fragen, ob er bewusst ist, oder wenn Sie ihm sagen, er sei nicht bewusst, wird er antworten, dass er völlig bewusst sei und es absurd wäre zu sagen, er sei es nicht, da er Sie doch höre und verstehe. Und er wird vollkommen recht haben, denn Ihre Frage oder Bemerkung hat ihn einen Augenblick lang vage bewusst gemacht. Im nächsten Augenblick wird das Bewusstsein wieder verschwinden. Aber er wird sich dessen erinnern, was Sie ihm sagten und was er antwortete, und er wird sich gewiss als bewusst erachten.

In Wirklichkeit erfordert das Erlangen von Selbstbewusstsein eine lange und harte Arbeit. Wie könnte ein Mensch diese Arbeit bejahen, wenn er genau das bereits zu besitzen glaubt, was man ihm als Ergebnis langer und harter Arbeit verspricht? Natürlich wird kein Mensch diese Arbeit unternehmen und sie als Notwendigkeit erachten, bis er davon überzeugt ist, dass er weder Selbstbewusstsein besitzt noch all das, was damit verbunden ist, wie Einheit oder Individualität, ein beständiges «Ich» und den Willen.

3

(Um den folgenden Abschnitt verstehen zu können, muss man erkennen, dass die übliche Anschauung, der Mensch habe nur einen Geist [den intellektuellen Geist] falsch ist. In Wirklichkeit ist das Nervensystem den Funktionen des Körpers nach unterteilt, und jeder Teil besitzt seinen eigenen Geist [Mind]. Ouspenskys Gebrauch des Wortes «Zentrum» unterscheidet sich von der gegenwärtigen wissenschaftlichen Bedeutung, denn es umfasst sowohl den besonderen, kontrollierenden Geist als auch die Nerven und die untergeordneten Anhäufungen von Nervenzellen, die ihn mit anderen Teilen des Körpers verbinden.)

Wir müssen ergründen, warum wir uns ohne eine lange Periode von Schularbeit nicht schneller entwickeln können. Wir wissen, dass wir neues Material in unserem Gedächtnis ansammeln, wenn wir etwas lernen. Aber was ist unser Gedächtnis? Und was ist neues Material?

Um dies zu verstehen, müssen wir jedes Zentrum als eine gesonderte und unabhängige Maschine zu betrachten lernen, die aus empfindlichem Stoff besteht, von seiner Funktion her der Substanz ähnlich, aus der Schallplatten bestehen. Alles, was mit uns geschieht, alles, was wir sehen, alles, was wir hören, alles, was wir fühlen, alles, was wir lernen, wird auf diesen Platten aufgezeichnet. Dies bedeutet, dass alle äusseren und inneren Ereignisse bestimmte Eindrücke auf den Platten hinterlassen. «Eindrücke» ist ein sehr gutes Wort, denn tatsächlich hinterlassen sie Eindrücke oder Prägungen. Ein Eindruck kann tief oder oberflächlich sein, oder es kann einfach ein flüchtiger Eindruck sein, der sehr schnell verschwindet und keine Spur zurücklässt.

Ob aber tief oder oberflächlich, es handelt sich um einen Eindruck. Und diese Eindrücke auf Platten sind alles, was wir haben, unser ganzer Besitz. Alles, was wir wissen, alles, was wir gelernt haben, alles, was wir erfahren haben, es befindet sich alles hier auf unseren Platten.

Genau gleich bestehen unsere Denkprozesse, Berechnungen und Vermutungen nur daraus, dass wir unsere Platten miteinander vergleichen, ihnen wieder und wieder zuhören, sie dadurch zu verstehen versuchen, dass wir sie kombinieren und so weiter. Wir können nichts Neues erdenken, nichts, das sich nicht bereits auf unseren Platten befindet. Wir können nichts sagen oder tun, das nicht irgendetwas auf den Platten entspräche. Wir können keinen neuen Gedanken erfinden, genauso, wie wir kein neues Tier erfinden können, denn all unsere Vorstellungen von Tieren erwachsen aus unseren Beobachtungen lebender Tiere.

Die Eindrücke auf unseren Platten sind durch Assoziationen miteinander verbunden. Assoziationen verbinden Eindrücke, die gleichzeitig empfangen wurden oder sich auf andere Art ähneln.

Da das Gedächtnis vom Bewusstsein abhängt und wir uns in Wirklichkeit nur der Eindrücke erinnern, in denen Bewusstsein aufblitzte, ist es völlig klar, dass verschiedene gleichzeitige Eindrücke, die miteinander verbunden sind, länger als nicht verknüpfte Eindrücke im Gedächtnis bleiben werden. Beim Aufblitzen von Selbstbewusstsein, oder auch bei einer lediglichen Annäherung daran, sind alle Eindrücke des Augenblicks miteinander verknüpft und bleiben im Gedächtnis in Verbindung. Dasselbe gilt für Eindrücke, die durch ihre innere Ähnlichkeit verbunden sind. Wenn wir in dem Augenblick, in dem wir einen Eindruck empfangen, bewusst sind, verbinden wir den neuen Eindruck definitiv mit ähnlichen alten Eindrücken, und sie bleiben im Gedächtnis verknüpft. Wenn wir Eindrücke andererseits in einem Zustand von Schlaf empfangen, bemerken wir sie einfach nicht, und ihre Spuren verschwinden, bevor sie gewürdigt oder assoziiert werden können.

(In einem seiner Treffen wurde Ouspensky gefragt, ob alle

Eindrücke auf unseren Platten in diesem Leben gebildet werden oder ob wir mit einigen von ihnen geboren worden sind. Er antwortete:)

Die Eindrücke im instinktiven Zentrum sind uns angeboren; sie sind bereits da, ebenso wie einiges wenige im emotionalen Zentrum. Das übrige kommt in diesem Leben; im Bewegungs- und intellektuellen Zentrum muss alles erlernt werden.

4

Um klarer zu verstehen, was ich sagen werde, müssen Sie versuchen daran zu denken, dass wir keine Kontrolle über unser Bewusstsein haben. Als ich sagte, wir könnten bewusster werden oder dass ein Mensch für einen Augenblick bewusst gemacht werden kann, wenn man ihn fragt, ob er bewusst sei oder nicht, verwandte ich die Wörter «bewusst» und «unbewusst» in einem relativen Sinn. Es gibt so viele Bewusstseinsgrade, und jeder höhere Grad bedeutet «bewusster» in bezug auf einen niedrigeren Grad. Aber wenn wir auch das Bewusstsein selbst nicht beherrschen können, so haben wir doch eine gewisse Kontrolle darüber, was wir über Bewusstsein denken, und wir können unser Denken so anordnen, dass es Bewusstsein bringt. Was ich damit meinte, ist, dass wir Bewusstsein hervorrufen können, indem wir unseren Gedanken eine Richtung geben, wie sie sie in einem Augenblick des Bewusstseins annehmen würden.

Versuchen Sie nun zu formulieren, was Sie bemerkten, als Sie sich zu beobachten versuchten. Sie sollten dreierlei beobachtet haben. Erstens, dass sie Sie sich nicht *Ihrer selbst erinnern,* das heisst, Sie sind sich Ihrer selbst nicht gleichzeitig gewahr, wenn Sie versuchen, sich zu beobachten. Zweitens, dass die Beobachtung durch den dauernden Strom von Gedanken, Bildern, Nachklängen von Gesprächen und Bruchstücken von Gefühlen erschwert wird, der durch Ihren Geist fliesst und sehr oft Ihre Aufmerksamkeit von der Beobachtung abzieht. Und drittens, dass etwas in Ihnen, sobald Sie mit der Selbstbeobachtung beginnen, zu phantasieren anfängt, und Selbstbeobachtung – wenn Sie es wirklich versuchen – ist ein dauernder Kampf gegen Einbildung.

Dies ist nun der Hauptpunkt in der Arbeit an sich selbst. Wenn man erkennt, dass alle Schwierigkeiten in der Arbeit auf der Tatsache beruhen, dass man sich nicht seiner selbst erinnert, weiss man bereits, was man zu tun hat. Man *muss versuchen,* sich seiner selbst zu erinnern.

Um dies zu tun, muss man mit mechanischen Gedanken kämpfen, und man muss mit Einbildungen kämpfen. Wenn man dies gewissenhaft und ausdauernd tut, wird man in einer verhältnismässig kurzen Zeit Ergebnisse sehen. Aber man darf nicht denken, es sei leicht, oder man könne diese Übung sofort beherrschen. Die Übung des Selbst-Erinnerns, wie sie genannt wird, ist schwer erlernbar. Sie darf nicht auf der Erwartung von Ergebnissen gründen, sonst verliert man sich in Gedanken über seine Anstrengungen. Sie muss auf der Erkenntnis der Tatsache beruhen, dass wir uns nicht unserer selbst erinnern, und dass wir uns dennoch unserer selbst erinnern *können,* wenn wir uns aufs Äusserste und in der richtigen Weise anstrengen.

Wir können in dem Augenblick, in dem wir es wünschen, nicht willentlich bewusst werden, denn wir haben keine Gewalt über unsere Bewusstseinszustände. Aber wir können uns unserer selbst für eine kurze Zeit willentlich erinnern, weil wir eine gewisse Herrschaft über unsere Gedanken haben. Und wenn wir uns unserer selbst mit Hilfe der besonderen Anordnungen unserer Gedanken erinnern, das heisst, durch die Erkenntnis, dass wir uns unserer selbst nicht erinnern; dass niemand sich seiner selbst erinnert, und indem wir realisieren, was damit gemeint ist, wird uns diese Erkenntnis zum Bewusstsein führen.

Sie müssen verstehen, dass wir den schwachen Punkt in unserer Mechanisiertheit entdeckt haben. Es ist dies das Wissen, dass wir uns nicht unserer selbst erinnern und die Erkenntnis, dass wir versuchen können, uns unserer selbst zu erinnern. Mit dem Verstehen der Notwendigkeit, uns tatsächlich zu ändern, beginnt die Möglichkeit der Arbeit.

Später werden Sie lernen, dass die Praxis des Selbst-Erinnerns in Verbindung mit Selbstbeobachtung und dem Kampf gegen Einbildung nicht nur eine praktische Bedeutung hat, sondern dass sie auch den feinsten Bereich unseres Stoffwechsels ändert und bestimmte chemische – vielleicht besser gesagt, alchimistische – Wirkungen in unserem Körper hervorruft. So gelangen wir von der Psychologie zur Alchimie; zum Gedanken der Transformation gröberer Elemente in feinere.

5

(Selbst-Erinnern und seine Wirkung auf das Gedächtnis werden auf eine persönlichere Art als im vorhergegangenen Abschnitt in *Perspektiven der Selbsterfahrung und Welterkenntnis*[*], dem die folgenden Paragraphen entnommen sind, beschrieben.)

... alles, was meine Versuche des Selbst-Erinnerns mir gezeigt hatten, überzeugte mich sehr bald, dass ich einem *völlig neuen Problem gegenüberstand, auf das Philosophie und Wissenschaft bisher nicht gestossen waren* ...

Ich sah, dass das Problem darin bestand, die Aufmerksamkeit auf sich selbst zu lenken, ohne die auf etwas anderes gerichtete Aufmerksamkeit zu schwächen oder aufzugeben. Darüber hinaus konnte sich dieses «etwas anderes» sowohl in mir als auch ausserhalb von mir befinden.

Bereits die ersten Versuche ... zeigten mir die darin liegende Möglichkeit. Gleichzeitig wurde mir zweierlei klar.

Als erstes erkannte ich, dass das Selbst-Erinnern als Ergebnis dieser Methode nichts mit «Sich-selbst-fühlen» oder «Selbst-Analyse» zu tun hat. Es war ein neuer und sehr interessanter Zustand mit einem merkwürdig vertrauten Geschmack.

Zweitens erkannte ich, dass Augenblicke von Selbst-Erinnern im Leben vorkommen, wenn auch selten. Nur das absichtliche

[*] P. D. Ouspensky, *Auf der Suche nach dem Wunderbaren,* Bern, München, Wien 1966, 2. Auflage 1978, S. 171

Erzeugen solcher Augenblicke schuf eine Empfindung von Neuheit. In der Tat war ich seit frühster Kindheit mit ihnen vertraut. Sie traten entweder in neuen und unerwarteten Umgebungen auf, an einem neuen Ort, bei einer Reise unter neuen Menschen, wenn man zum Beispiel plötzlich um sich blickt und sagt: *Wie seltsam! Ich und an diesem Ort!* Oder in sehr emotionalen Augenblicken, in Augenblicken der Gefahr, in Augenblicken, in denen man seinen Kopf nicht verlieren darf, da man seine eigene Stimme hört und sich selbst von aussen sieht und beobachtet.

Ich sah ganz klar, dass meine ersten Lebenserinnerungen in meinem eigenen Fall sehr frühe Augenblicke des *Selbst-Erinnerns* waren. Diese letzte Erkenntnis enthüllte mir noch vieles andere. Das heisst, ich erkannte, dass ich mich wirklich nur an jene Augenblicke der Vergangenheit erinnerte, wo ich mich *meiner selbst erinnert hatte.* Von den anderen *wusste ich lediglich, dass sie stattfanden.* Ich bin nicht imstande, sie wieder völlig ins Leben zu rufen, sie noch einmal zu durchleben. Aber die Augenblicke, in denen ich mich meiner selbst erinnert hatte, waren lebendig und unterschieden sich in keiner Weise von der Gegenwart. Ich hatte weiterhin Angst davor, endgültige Schlüsse zu ziehen. Aber ich sah bereits, dass ich auf der Schwelle zu einer sehr grossen Entdeckung stand. Die Schwäche und Unzulänglichkeit unseres Erinnerungsvermögens hatten mich schon immer erstaunt. So vieles verschwindet. Irgendwie sah ich darin die Hauptabsurdität meines Lebens. Warum soll man so viel erleben, wenn man es nachher vergisst? Ferner lag darin etwas Entwürdigendes. Man fühlt etwas, das sehr gross zu sein scheint und denkt, man wird es nie vergessen; ein oder zwei Jahre vergehen, und nichts bleibt davon übrig. Nun wurde mir klar, warum dem so war und warum es nicht anders sein konnte. Wenn unser Gedächtnis tatsächlich nur in Augenblicken des Selbst-Erinnerns lebendig ist, wird der Grund seiner Armut klar …

Manchmal brachte das Selbst-Erinnern keinen Erfolg; zu anderen Zeiten wurde es von merkwürdigen Beobachtungen begleitet.

Ich spazierte einmal den Litejnij entlang in Richtung auf den Newsky, und trotz all meiner Anstrengungen war ich unfähig, meine Aufmerksamkeit auf das Selbst-Erinnern gerichtet zu halten. Der Lärm, die Bewegung, alles lenkte mich ab. Jeden Augenblick verlor ich den Faden der Aufmerksamkeit, fand ihn wieder und verlor ihn wiederum. Schliesslich fühlte ich eine Art lächerlichen Ärgers über mich und bog in eine Strasse nach links ein mit dem festen Vorsatz, meine Aufmerksamkeit wenigstens für einige Zeit, jedenfalls bis ich die folgende Strasse erreicht haben würde, darauf zu konzentrieren, mich meiner selbst zu erinnern. Ich erreichte die Nadejzdinskaya, ohne den gedanklichen Faden, ausser vielleicht für kurze Momente, zu verlieren. Dann wendete ich mich wieder dem Newsky zu und erkannte, dass es mir in ruhigeren Strassen leichter gelang, den gedanklichen Faden nicht zu verlieren und wollte es daher auch in lärmigeren Strassen versuchen. Ich erreichte den Newsky, mich weiterhin meiner selbst erinnernd, und begann bereits, den seltsamen Gefühlszustand inneren Friedens und Vertrauens zu verspüren, den grosse Anstrengungen dieser Art nach sich ziehen. Gerade um die Ecke am Newsky war ein Tabakladen, wo meine Zigaretten angefertigt wurden. Mich weiterhin meiner selbst erinnernd, gedachte ich dort vorzusprechen und einige Zigaretten zu bestellen.

Zwei Stunden später *erwachte ich* in der Tawritscheskaja, das heisst weit weg von dort. Ich war mit einer Iswostschik unterwegs zu den Druckern. Die Empfindung des Erwachens war ausserordentlich lebhaft. Ich kann beinahe sagen, dass ich *zu mir kam.* Sofort erinnerte ich mich an alles. Wie ich entlang der Nadejzdinskaja spaziert war, wie ich mich meiner selbst erinnert hatte, wie ich an Zigaretten gedacht hatte und wie ich bei diesem Gedanken anscheinend urplötzlich in einen tiefen Schlaf gefallen und darin verschwunden war. Während ich in diesen Schlaf versunken war, hatte ich weiterhin zusammenhängende und nützliche Handlungen ausgeführt. Ich hatte den Tabakwarenhändler verlassen, war in meine Wohnung in der Litejnij gegangen und hatte mit den Druckern telefoniert. Ich hatte zwei Briefe geschrieben. Dann war ich wieder aus dem Haus gegangen. Ich war auf der linken Seite des Newsky bis zum Gostinij Dvor gegangen in der Absicht, zur Offizerskaja zu gelangen. Dann hatte ich mich anders besonnen, weil es spät geworden war. Ich hatte eine Istwostschik gedungen und war in die Kavalergardskaja zu meinen Druckern gefahren. Und unterwegs, während der Fahrt entlang der Tawritscheskaja, begann ich eine seltsame Unruhe zu verspüren, wie wenn ich etwas vergessen hätte. *Und plötzlich fiel mir ein, dass ich vergessen hatte, mich meiner selbst zu erinnern.*

6

(Auf seinen Versammlungen in London zwischen 1935 und 1941 und jenen in New York 1944 und 1945 wurden Ouspensky viele Fragen über Erinnerungsvermögen und Wiederkehr gestellt. Der folgende Abschnitt besteht aus einer Rekonstruktion der Antworten auf einige dieser Fragen anlässlich seiner Versammlungen in London. Abschnitt sieben versucht auf ähnliche Art einige der in New York gegebenen Antworten zu rekonstruieren. Um einen besseren inneren Zusammenhang zu bewirken und um Wiederholungen zu vermeiden, sind einige Fragen unterstellt oder in Ouspenskys Antworten einbezogen worden. Andernfalls erscheinen sie in Anführungsstrichen, um sie von Ouspenskys Worten zu unterscheiden, die nicht in Anführungsstriche gesetzt sind, da sie die Hauptmasse des Textes ausmachen. Die Reihenfolge der Fragen wurde neu angeordnet, und nur die wurden aufgenommen, die sich auf Erinnerungsvermögen und Wiederkehr beziehen.)

Das Erinnerungsvermögen ist etwas Merkwürdiges. Bei jedem arbeitet das Erinnerungsvermögen anders. Einer erinnert sich eher in dieser Richtung, ein anderer mehr in jener. Man kann nicht sagen, das eine sei besser als das andere. Das Erinnerungsvermögen kann verloren gehen; es gibt da viele verschiedene Stufen. Einiges kann vergessen und später durch besondere Methoden wieder hervorgeholt werden oder es kann völlig verschwinden.

«Warum haben einige Leute bessere Anlagen zum Ballspielen als andere?»

Es gibt viele verschiedene Arten von Bewegungszentren mit verschiedenen Arten von Erinnerungsvermögen. Kein Mensch ist genauso wie ein anderer. Einer kann das eine besser, ein anderer etwas anderes. Es gibt Tausende von Eindrücken, so dass die Kombinationen immer verschieden sind. Ich habe mehrmals über die verschiedenen Arten von Menschen gesprochen – Mensch Nr. 1, Nr. 2, Nr. 3 und so weiter. Einer erinnert sich besser einer Art von Eindrücken, ein anderer einer anderen Art.

«Besteht ein Leben aus den Erinnerungen von einem Augenblick zum anderen?»

Nein, das ist zu kompliziert. Sie wissen, dass es viele verschiedene Gedächtnisarten gibt. Und das Gedächtnis ist passiv; Sie wenden es nicht an. Man kann das Leben als einen Prozess betrachten.

«Was kann man tun, um sein Erinnerungsvermögen zu verbessern?»

Wenn Sie sich mehr Ihrer selbst erinnern, werden Sie Ihr Gedächtnis verbessern.

«Bevor ich zum System stiess, hatte ich eine sehr deutliche Erinnerung an etwas, das vor langer Zeit geschah. Wenn ich sie nun zurückrufe, ist sie nur die Erinnerung einer Erinnerung. Liegt das daran, dass ich ein bisschen wacher bin?»

Wahrscheinlich war sie mit starker Identifikation verknüpft. Wenn Sie sie ohne Identifikation betrachten, wird sie schwächer werden und wohl verschwinden.

«Ist vollständiges Sich-nicht-Identifizieren Selbstbewusstsein?»

Identifikation und Selbstbewusstsein sind zwei verschiedene Seiten der selben Angelegenheit.

«Ist es von praktischem Nutzen, sich die Ereignisse seines vergangenen Lebens zu vergegenwärtigen, wenn man versucht, sich seiner selbst zu erinnern? Ich meine, in der Absicht, sie für eine spätere Wiederkehr zu fixieren?»

Nein, das ist nicht praktisch. Erstens müssen Sie sicher sein, dass es eine zukünftige Wiederkehr gibt. Zweitens müssen Sie sicher sein, dass Sie sich Ihrer selbst erinnern. Wenn Sie es sich wie jetzt in Ihrer Frage vorstellen, wird es sich in Einbildung verwandeln, nichts anderes. Aber wenn Sie zu allererst versuchen, sich Ihrer selbst zu erinnern, ohne etwas hinzuzufügen und sich dann – wenn Sie können – auch an Ihr vergangenes Leben erinnern und Kreuzwege zu finden versuchen; in dieser Verbindung werden sie dann sehr nützlich sein. Nur glauben Sie nicht, dass Sie es tun können; Sie können es noch nicht tun.

«Was sind Kreuzwege?»

Kreuzwege sind Augenblicke, in denen man «tun» kann. Es kommt ein Augenblick, da man in dieser Arbeit etwas erreichen kann oder nicht. Wenn eine Gelegenheit kommt und man sie versäumt, so kommt eine weitere vielleicht erst nach einem Jahr oder noch später. Es gibt Perioden unter normalen Bedingungen, in denen nichts geschieht, und dann kommt man zu einem Kreuzweg. Das ganze Leben besteht aus Kreuzungen und Strassen.

Wiederkehr kann nützlich sein, wenn man sich zu erinnern und zu ändern beginnt und sich nicht jedes Mal entlang denselben Bahnen dreht, sondern tut, was man möchte und was man für besser hält. Aber wenn man nichts über Wiederkehr weiss, oder wenn man sogar davon weiss und nichts unternimmt, so bringt das überhaupt keinen Vorteil. Dann werden dieselben Dinge für gewöhnlich wiederholt und wiederholt.

«Gehe ich richtig in der Annahme, dass die Essenz des Menschen wiederkehrt?»

Ganz recht. Wir wissen sehr wenig über Wiederkehr. Eines Tages werden wir vielleicht das zu sammeln beginnen, was über Wiederkehr gesagt wurde und als verlässlich angesehen werden kann; dann werden wir sehen, was wir davon zu halten haben. Aber bis dahin ist sie nur eine Theorie.

Wiederkehr findet in der Ewigkeit statt; sie ist nicht dasselbe Leben. Dieses Leben endet, und die Zeit endet. Es gibt eine Theorie, und dieses System lässt die Theorie zu, dass eine Zeitverlängerung möglich ist. Ich habe keine Beweise. Bedenken Sie, wieviele Versuche, die Zeit zu erforschen, von Spiritualisten und anderen unternommen wurden. Aber es gibt keine Beweise.

Der leichteste Weg, Wiederkehr zu studieren, ist das Studium von Kindern. Wenn wir genug Material hätten, könnten wir viele Fragen beantworten. Warum tauchen zum Beispiel in Kindern seltsame Neigungen auf, ganz im Gegensatz zu ihrer Umgebung und völlig neuartig für die Leute, die sie umgeben? Dies geschieht manchmal und auf viele verschiedene Arten. Und es können sehr starke Neigungen sein, die das Leben ändern und in gänzlich unerwartete Richtungen gehen, während nichts in der Vererbung sie erklärt.

Wie ich oft gesagt habe, funktioniert die Idee der Vererbung im Menschen nicht. Sie ist eine fantastische Vorstellung. Sie wirkt in Hunden und Pferden, aber nicht in Menschen.

«Spielt hier die Frage der Typen hinein?»

Ja, aber wir wissen nichts über Typen. Zumindest nicht genug, um darüber zu sprechen. Aus diesem Grund verstehen Eltern ihre Kinder meist nicht, und die Kinder verstehen ihre Eltern nicht. Sie können einander niemals wirklich ausreichend oder richtig verstehen, denn sie sind völlig verschiedene Leute füreinander. Fremde, die sich rein zufällig an einem bestimmten Punkt trafen und nun wieder verschiedene Richtungen einschlagen.

Das Studium der Wiederkehr muss beim Studium des kindlichen Geistes ansetzen; besonders, bevor sie zu sprechen beginnen. Wenn Kinder sich dieser Zeit erinnerten, würden ihnen sehr interessante Dinge wieder einfallen. Aber wenn sie zu sprechen beginnen, werden sie unglücklicherweise richtige Kinder, und nach sechs Monaten oder einem Jahr haben sie vergessen. Leute erinnern sich sehr selten an das, was sie vorher, in einem sehr frühen Alter, dachten. Wenn sie das könnten, würden sie sich erinnern, wie sie als Erwachsene waren. Sie waren überhaupt keine Kinder; sie wurden erst später zu Kindern. Wenn sie sich ihrer frühen Denkweise erinnerten, so wären es die gleichen, wie sie Erwachsene haben.

«Wissen Sie, warum ein Kind sich ausgerechnet seines erwachsenen Geistes erinnert und nicht seines vergangenen kindlichen Geistes?»

Wir haben so wenig Material, nach dem wir urteilen können. Ich spreche nur von der Art, wie gelernt werden kann. Nehmen Sie an, wir sollten uns daran erinnern, wie unser Geist in einem sehr frühen Alter beschaffen war, möglichst ohne dass sich Einbildung einschleicht. Nehmen Sie an, wir fänden heraus, dass er so und so beschaffen war. Alles, was wir fänden, wäre Material. In der Literatur finden Sie hierüber sehr wenig, weil die Leute nicht verstehen, wie man Wiederkehr studieren muss, aber im Bereich meiner eigenen Erfahrung bin ich auf sehr interessante Dinge gestossen. Einige Leute, die ich kannte, hatten Erinnerungen ihrer ersten Lebensjahre, und sie alle hatten den Eindruck, ihre Denkweise sei nicht die eines Kindes gewesen. Wie sie Leuten begegneten, wie sie Leute erkannten – es war keine kindliche Psychologie. Sie hatten einen voll ausgebildeten Verstand mit gänzlich erwachsenen Reaktionen, wie man ihn sich nicht als Ergebnis von sechs Monaten unbewussten Lebens vorstellen kann. Solche Geister müssen zuvor existiert haben, wenn ihre Erinnerungen wirklich richtig waren. Aber, wie ich sagte, ist es sehr schwer, Material zu finden, und die meisten Leute erinnern sich an überhaupt nichts.

«Warum sollte dies frühe Gedächtnis erlöschen, wenn das Kind zu sprechen beginnt?»

Das Kind beginnt, andere Kinder nachzuahmen und genau das zu tun, was die Erwachsenen von ihm erwarten. Sie erwarten, dass es ein dummes Kind ist, und es wird ein dummes Kind.

«Wie kann man wissen, an was sich ein Kind erinnert? Ich dachte, dass man mit völlig leeren Zentren geboren wird und dass man sich mit Hilfe der Zentren erinnert.»

Dies ist eine seltsame Sache. Dennoch haben die Leute, von denen ich sprach und die sich nicht sehr von anderen unterscheiden, sogar ganz bestimmte Erinnerungen ihrer ersten Monate, und sie glauben, Dinge wie Erwachsene wahrgenommen zu haben und nicht wie Kinder. Sie versuchen nicht, künstliche Erinnerungen aus zerstreuten und bruchstückhaften Erinnerungen zusammenzusetzen; sie haben ganz eindeutige Erinnerungen an Häuser, Leute und so weiter. Sie scheinen eine völlig erwachsene Geisteshaltung gehabt zu haben.

«Ich kann mich an Dinge im Alter von zwei Jahren erinnern, die überhaupt nicht stattfanden. Wie kann man überprüfen, an was ein Baby sich erinnert, bevor es sprechen konnte?»

Woher wissen Sie, dass sie nicht geschahen? Es konnte ein Traum gewesen sein. Ich hatte eine solche Erfahrung. Ich weiss noch, dass ich als kleines Kind an einem Ort in der Nähe Moskaus war, und das Bild des Ortes blieb in meinem Gedächtnis. In Wirklichkeit war ich erst vier Jahre später an dieser Stelle. Als ich später dorthin kam, sah ich, dass der Ort nicht so war, wie ich ihn im Gedächtnis hatte, und ich erkannte, dass meine Erinnerung ein Traum gewesen war.

Zu der Frage früherer Leben: Ich glaube, dass einige Leute sich an etwas erinnern können, wenn auch sehr selten, denn sich zu erinnern bedeutet bereits einen gewissen Grad der Entwicklung. Der gewöhnliche Mensch – Nr. 1, Nr. 2 und Nr. 3 – hat kein Organ für solch ein Gedächtnis. Die Essenz ist mechanisch. Sie lebt nicht aus sich selbst; sie hat keinen besonderen Denkapparat, sondern muss durch die Persönlichkeit denken, und die Persönlichkeit hat keine Erfahrung.

«Was meinten Sie, als Sie sagten ‹Beobachten Sie Kinder›?»

Gerade das ist so schwer. Wenn Sie eine Reihe von Tendenzen beobachten, können Sie auf völlig überraschende Tendenzen stossen. Sie können nicht sagen, sie seien das Ergebnis einer bestimmten Ursache oder Umgebung, weil völlig unerwartete Tendenzen auftauchen und verschwinden können. Sie werden während des späteren Lebens fortdauern. In einem solchen Fall kann die Tendenz, gemäss der Theorie der Wiederkehr, in einem viel späteren Alter erworben worden sein, um dann sehr früh in diesem Leben aufzutauchen.

«Kann es dann vom Gesichtspunkt der Wiederkehr aus nicht sein, dass einige wichtige Handlungen, die wir von jetzt an bis zum Zeitpunkt unseres Todes begehen, in der Tat für unsere Neigungen verantwortlich sind?»

Sie meinen, im vergangenen Leben. Durchaus möglich. Bedenken Sie jedoch, dass es diese Arbeit früher nämlich noch nicht gab; möglicherweise eine andere Arbeit (es gibt viele Arten), aber nicht diese. Sie existierte früher nicht, dessen bin ich vollkommen sicher.

«Ich meine, dass es ein überwältigender Gedanke ist, dass wir in der Zeit bis zu unserem Tode verhängnisvolle Taten begehen könnten, die uns für das nächste Mal Neigungen einprägen.»

Gewiss können wir in jedem Augenblick unseres Lebens Neigungen erzeugen, die wir möglicherweise während zehn Leben nicht mehr los werden. Deshalb wird dieser Punkt in der indischen Literatur immer wieder hervorgehoben. Es mag in Märchenform geschehen, aber das Prinzip bleibt dasselbe.

«Ist es möglich, mittels Kindheitserinnerungen etwas über Essenz zu lernen?»

Das können Sie, wenn Sie ein gutes Gedächtnis haben und Dinge in sich finden, die sich geändert haben und solche, die sich nicht ändern.

«Gibt es ein Anzeichen, aufgrund dessen Sie sagen können, dass wir nicht schon einmal in diesem Haus waren?»

Niemand kann das sagen. Ich weiss lediglich, dass ich noch nicht zuvor in diesem Haus gewesen bin.

«Dann waren wir es auch nicht.»

Ich weiss nicht. Aber Sie kämen der Wahrheit viel näher, wenn Sie mit dem Jetzt als dem ersten Mal anfangen würden. Wenn wir zuvor etwas taten, dann war es immer so viel, wie bis anhin möglich war.

«Bedeutet der Gedanke paralleler Zeit, dass alle Augenblicke andauernd existieren?»

Ja, es ist sehr schwer, darüber nachzudenken. Sicherlich bedeutet er Ewigkeit des Augenblicks, aber unser Verstand versteht es nicht auf diese Art zu denken. Unser Verstand ist eine sehr beschränkte Maschine. Wir müssen auf die einfachste Art denken und dies berücksichtigen. Es ist einfacher, an Wiederholung zu denken als an die ewige Existenz des Augenblicks. Sie müssen verstehen, dass unser Verstand die Dinge nicht ausdrücken kann, wie sie wirklich sind. Wir können nur auf eine Art formulieren, die der Wahrheit näher kommt als das gewöhnliche Denken. Mehr ist nicht möglich. Unser Verstand und unsere Sprache sind sehr grobe Instrumente, und wir haben es mit sehr feinen Gegenständen und feinen Fragen zu tun.

«Wenn man dem System bereits in einer Wiederkehr begegnet ist, ist es die Frage, ob man ihm im nächsten auch wieder begegnen wird?»

Das hängt davon ab, wie man mit dem System umging. Man könnte dem System begegnen und sagen: «Was für einen Unsinn diese Leute reden.» Also hängt es davon ab, wieviel Mühe man sich gegeben hat. Wenn man sich anstrengte, könnte man etwas erreicht haben, und dies könnte bleiben, wenn es nicht lediglich Teil der *Scheinpersönlichkeit* war; wenn es nicht nur anerzogen war.

«Kehrt man als Mensch Nr. 4 wieder, wenn man als Mensch Nr. 4 starb, oder kann man das Erreichte durch Nachahmen negativer Gefühle und so weiter verlieren?»

Nein, nur Mensch Nr. 5 kann als Mensch Nr. 5 wiederkehren. Vielleicht weiss er es nicht, aber er wird es leichter haben. Nr. 4 muss wiederholen, allerdings wird es früher und leichter sein.

«Kann eine Neigung in einer Wiederkehr eine Gewohnheit in der nächsten sein?»

Das kommt auf die Neigung an. Wenn sie mechanisch ist, wird sie zur Gewohnheit werden; wenn es eine bewusste Neigung ist, kann sie nicht zur Gewohnheit werden, weil es sich dabei um zwei verschiedene Dinge handelt. Alle erworbenen Neigungen wiederholen sich. Eine Person erwirbt die Neigung, bestimmte Dinge zu studieren oder sich für sie zu interessieren. Sie wird wieder interessiert sein. Eine andere Person erwirbt eine Neigung, vor bestimmten Dingen davonzulaufen. Sie wird wieder davonlaufen. Diese Neigungen können sich verstärken oder sie können in eine andere Richtung wachsen. Es gibt so lange keine Garantie, bis man einen gewissen Grad bewusster Handlungsfähigkeit erworben hat, erst dann besteht eine gewisse Möglichkeit, sich selbst zu trauen.

«Würden Sie erklären, wie ein Mensch zwei gleichzeitige Leben simultan in zwei Zeiträumen zur selben Zeit führen kann?»

Vieles sieht unmöglich aus, aber nur deshalb, weil unser Denkapparat nicht ausreicht, um über solche Dinge nachzudenken. Er vereinfacht die Dinge zu stark. Diese Fragen erfordern mathematisches Denken. Zum Beispiel können wir uns die Zeit nicht als Kurve, sondern nur als Gerade denken. Wenn wir die Zeit als Kurve denken könnten und alle Implikationen verständen, würde diese Frage in Ihnen nicht entstehen. Diesbezüglich sind wir in genau derselben Lage wie ein zweidimensionales Wesen, das sich eine dreidimensionale Welt vorzustellen versucht. In Wirklichkeit gibt es kein derartiges Problem. Das Problem ist die Struktur unseres eigenen Verstandes. Ziel unserer ganzen Arbeit ist, den dritten und vierten Bewusstseinszustand zu erreichen, was bedeutet, mittels höherer Zentren zu denken. Wenn wir das könnten, würden Probleme des zukünftigen Lebens, Absurditäten wie diese Frage nach der Zeit und so weiter, nicht auftauchen. Wie die Dinge liegen, können wir nur theoretisieren. Wir wissen mehr oder weniger, wie wir uns diesen Problemen nähern, aber wir können nichts Sicheres wissen.

«Kann ein Mensch in einem Leben Nr. 5 sein und in einem anderen gleichzeitig Nr. 3?»

Das weiss ich wirklich nicht. Man kann Nr. 5 nicht plötzlich werden, man muss sich langsam annähern, und wenn ein Mensch sich ausserhalb einer Schule in Richtung auf Nr. 5 entwickelt, dann ist das ein sehr langsamer Prozess; daher denke ich, dass der Unterschied von einem Leben zum anderen nicht so gross sein wird. Ich kann nur eines darüber sagen. Ich denke, dass man es das nächste Mal nicht völlig vergessen haben kann, wenn man bewusst und vollständig von Wiederkehr Kenntnis hat und über sie sprechen und sie akzeptieren kann. Wenn Sie sie daher akzeptieren und in einem Leben kennen, besteht eine gute Aussicht, sich das nächste Mal an viel mehr zu erinnern. Wir haben keine Erfahrungswerte, aber Sie werden bemerken, wie man in Literatur, Geschichte und Philosophie wieder und wieder auf die Idee der Wiederkehr zurückkommt. Sie gerät nie völlig in Vergessenheit, aber sie ist sehr schwer in eine dreidimensionale Welt einzupassen. Sie benötigt eine fünfdimensionale Welt, und die Frage des Erinnerns bezieht sich in der Tat bereits auf sechs Dimensionen. In der fünften Dimension kehrt der Mensch wieder und wieder, ohne es zu wissen. Sich zu erinnern bedeutet ein gewisses Wachsen in der sechsten Dimension.

Dimensionen können auf diese Art einfach verstanden werden. Die vierte Dimension ist das Erkennen einer Möglichkeit in jedem Augenblick; was wir Zeit nennen. Die fünfte Dimension ist die Wiederholung hiervon. Die sechste Dimension ist das Erkennen *verschiedener* Möglichkeiten. Aber es ist schwer, darüber nachzudenken, solange wir uns Zeit als eine Gerade vorstellen. Das Problem existiert nicht wirklich; es ist nur unsere Schwäche, nicht mehr.

«Ich verstehe nicht, was Sie meinen, wenn Sie sagen, die vierte Dimension sei das Erkennen einer Möglichkeit.»

Das Leben ist die vierte Dimension, ein Kreis, das Erkennen einer Möglichkeit. Wenn es zu seinem Ende kommt, begegnet es dem eigenen Anfang. Der Augenblick des Todes entspricht dem Augenblick der Geburt, und dann beginnt das Leben von neuem, vielleicht mit geringen Abweichungen, die nichts bedeuten. Es kehrt immer zum selben Geleise zurück. Eine Haupttendenz zu beenden, das Leben auf eine völlig andere Art zu beginnen, wird die sechste Dimension sein.

Wir können uns simultane Augenblicke nicht vorstellen, wir müssen aufeinanderfolgende Augenblicke annehmen, obwohl sie auf einer anderen Skala simultan sind. Zum Beispiel ist unsere eigene Erfahrung in bezug auf kleine Partikel wie Elektronen derart, dass ihre *Ewigkeit* in unserer *Zeit* liegt. Warum kann daher unser *wiederholtes Auftreten* nicht in der *Zeit* der Erde stattfinden?

«Von meinem Verständnis des Gedächtnisses her sehe ich nicht, wie es möglich sein soll, sich einer vergangenen Wiederkehr zu erinnern. Ich dachte, das Gedächtnis beruhe auf dem Inhalt der Zentren, die in der Persönlichkeit liegen. Wie kann sich die Persönlichkeit an Wiederkehr erinnern?»

Sie können sich nicht erinnern, wenn Sie sich Ihrer selbst nicht hier erinnern, in dieser Wiederkehr. Wir haben zuvor gelebt.

Viele Tatsachen beweisen es. Der Grund, warum wir uns nicht erinnern, liegt daran, dass wir uns nicht unserer selbst erinnert haben. Dasselbe trifft auf dieses Leben zu. Wir erinnern uns nicht wirklich der Dinge, die wir mechanisch tun, wir wissen nur, dass sie stattfanden. Nur durch Selbst-Erinnern können wir Einzelheiten im Gedächtnis behalten.

Persönlichkeit ist immer mit Essenz vermischt. Das Gedächtnis liegt in der Essenz, nicht in der Persönlichkeit, aber die Persönlichkeit kann es völlig richtig beschreiben, wenn das Gedächtnis stark genug ist.

«Es ist sehr schwer sich vorzustellen, dass man sich darauf vorbereitet, dem System früher zu begegnen.»

Sie können sich auf nichts vorbereiten. Nur sich Ihrer selbst erinnern, dann werden Sie sich der Dinge besser erinnern. Alles liegt an den negativen Gefühlen: Wir geniessen sie so sehr, dass wir an nichts anderem Interesse haben. Wenn Sie sich Ihrer selbst jetzt erinnern, dann mögen Sie sich das nächste Mal erinnern.

«Ist das der Grund für das ‹Hier war ich schon einmal›-Gefühl? Das Gefühl, bereits ein Stück Wissen zu haben, das man unmöglich vorher erfahren haben konnte?»

Ich will Tatsachen. Vielleicht handelt es sich einfach um ein aus verschiedenen Vorstellungen zusammengesetztes Bild. Wenn Sie sich wirklich an etwas Derartiges erinnern, so bedeutet das, dass Sie sich Ihrer selbst erinnern können. Wenn Sie sich nicht selbst-erinnern können, ist es nur Einbildung.

«Kann zufälliges Selbst-Erinnern zu diesem Zweck nützlich sein?»

Zufälliges Selbst-Erinnern ist ein momentanes Aufblitzen. Man kann sich nicht darauf verlassen.

Die einzige Möglichkeit des Wandels beginnt mit der Möglichkeit, dass Sie anfangen, sich Ihrer selbst jetzt zu erinnern. Wiederkehr ist innerhalb des Systems nicht notwendig. Sie mag interessant oder nützlich sein; Sie können sogar damit beginnen, aber für die tatsächliche Arbeit ist der Gedanke der Wiederkehr nicht notwendig. Aus diesem Grund haben wir von diesem

System nichts darüber erfahren; sie kam von ausserhalb, von der Literatur und von mir. Dann sehen Sie, dass sie passt; sie steht nicht im Widerspruch. Aber sie ist nicht notwendig, denn alles, was wir tun können, können wir nur in diesem Leben tun. Wenn wir in diesem Leben nichts tun, dann wird das nächste Leben genauso sein, oder es kann in leichten Variationen dasselbe sein, aber ohne wirkliche Änderung.

«Können Sie erklären, warum Versuche, sich selbst-zu-erinnern, so ermüdend zu sein scheinen, wenn man es über längere Zeit versucht?»

Dem müsste nicht so sein. Eine mögliche Erklärung besteht darin, dass Sie sich gleichzeitig mit Ihren geistigen Bemühungen körperlich anstrengen. Ich meine, dass Anstrengungen, sich seiner selbst zu erinnern, nur dann ermüdend sein können, wenn etwas Falsches damit verbunden wird. Zuerst sind wir unfähig, uns für längere Zeit unserer selbst zu erinnern, und es ist überhaupt besser, wenn sie daran denken oder Methoden finden, die Ihnen Ihre Absicht so oft wie möglich ins Gedächtnis ruft. Es kann ermüden, wenn Sie lediglich versuchen, sich darauf zu konzentrieren. Das ist kein wirkliches Selbst-Erinnern, sondern das Selbst-Erinnern im Gedächtnis behalten. Das ist auch zu Beginn des Studiums nützlich, aber später müssen Sie andere Methoden finden.

«Alle Anstrengungen des Selbst-Erinnerns, die ich unternommen habe, schienen nie tiefer zu gehen oder eine höhere Ebene zu erreichen. Es zu tun, scheint immer anstrengend zu sein.»

Genau darum geht es. Sie müssen tun, was Sie können. Versuchen Sie erst, sich auf die gewöhnliche Art an sich selbst zu erinnern, dann in schwierigen Augenblicken, den Augenblicken, in denen Sie sich am leichtesten vergessen. Nach vielen derartigen Wiederholungen werden Sie sehen, dass es plötzlich auf eine andere Ebene übergehen wird. Aber das wird ohne Ihre eigenen direkten Anstrengungen geschehen.

«Wenn ein Mensch einen höheren Bewusstseinszustand erlangt, wie Selbstbewusstsein, ändert sich dann die Geschwindigkeit seiner Funktionen? Mit anderen Worten, kann er jemals hoffen, ein Eindruck werde für ihn länger als eine zehntausendstel Sekunde, ein Atemzug länger als drei Sekunden und so weiter dauern?»

Die Geschwindigkeit der Funktionen kann sich ändern. Dies entspricht nicht der Dauer von Eindrücken, und es ist nutzlos, den Unterschied zu untersuchen. Die Eindrücke dauern dann länger. Wenn wir vom zehntausendsten Teil einer Sekunde sprechen, beziehen wir uns nur auf einen Eindruck des intellektuellen Zentrums. Es gibt weitere.

«Wenn eine Zelle sich ihrer Funktion als Teil eines Menschen bewusst würde, würde sie vergessen, dass sie eine Zelle ist? Wenn dementsprechend ein Mensch sich der Art bewusst würde, in der er zum Beispiel zum Leben eines Sterns beiträgt, würde er die Erinnerung an sein Leben als Mensch verlieren und aus dem Kreis sich endlos wiederholender Lebensspannen verschwinden?»

Genau im Gegenteil. Eine Zelle würde daran denken, dass sie eine Zelle war. Dasselbe gilt für den Menschen – er würde sich daran erinnern, dass er ein Mensch war. Es wäre dasselbe wie Selbst-Erinnern. Er würde sein Gedächtnis nicht verlieren, sondern Gedächtnis erlangen.

«Wenn man sein Leben zurückverfolgt, sieht man bestimmte Kreuzwege, an denen eine Entscheidung gefällt wurde, die man für schlecht hält. Gibt es irgendetwas, das man in dieser Wiederkehr tun kann, so dass sich die Wahrscheinlichkeit, in der nächsten Wiederkehr denselben Fehler zu begehen, verringert?»

Ja, gewiss. Man kann sich vorstellen, dass man sich in diesen besonderen Punkten ändern kann, und dann – wenn das Denken ausreichend tief ist – *wird* man sich erinnern. Wenn es nicht so tief ist, *kann* man sich erinnern. Auf jeden Fall besteht die Möglichkeit, dass man es schliesslich schafft, *etwas nicht zu tun,* das man zuvor *tat.* Viele derartige Gedanken und Dinge können von einem Leben aufs andere übergehen. Zum Beispiel fragte jemand, was einem die Vorstellung der Wiederkehr bieten könne. Wenn man dieser Vorstellung intellektuell gewahr würde und wenn die Vorstellung Teil der Essenz würde – Teil der allgemeinen Lebenshaltung – dann könnte man sie nicht vergessen, und es wäre von Vorteil, früh im nächsten Leben davon zu wissen.

«Hat ein Mensch in jedem Augenblick ganz bestimmte Möglichkeiten?»

Die Leute glauben, es gäbe viele Möglichkeiten. Zumindest sieht es so aus, aber in Wirklichkeit gibt es nur eine Möglichkeit oder manchmal zwei. Der Mensch kann sich nur im Sinne der sechsten Dimension ändern. Die Dinge geschehen auf eine bestimmte Weise, und eine aus vielen angenommenen Möglichkeiten wird in jedem Augenblick wahrgenommen, und das ergibt die Linie der vierten Dimension. Aber bewusste Änderung, zu einem bestimmten Zweck, was die Idee der Arbeit ist, die Idee der Entwicklung, wenn Sie in diesem System ernsthaft beginnen: Dies ist bereits ein Anfang auf der sechsten Dimension.

«Sie sagten, es gäbe vielleicht zwei Möglichkeiten in einem bestimmten Augenblick. Meinen Sie damit eine mechanische und eine andere?»

Nein, es kann mehrere mechanische Möglichkeiten geben, denn kleine Abweichungen sind möglich, aber sie geraten immer in dasselbe Geleise zurück.

7

«Können Sie einige der Formen nennen, die die erste bewusste Anstrengung annimmt?»

Sich Ihrer selbst gewahr zu sein. Die lebendige Vorstellung des «Ich bin hier». Aber keine Worte. Fühlen. Wahrnehmen, wer und wo wir sind.

Ich rate Ihnen, hauptsächlich über Bewusstsein nachzudenken. Wie man zu verstehen anfängt, was Bewusstsein ist, wie man sich ihm nähert. Wir können Beispiele von Bewusstsein in unserem eigenen vergangenen Leben finden. Ein Augenblick des Bewusstseins ruft eine starke Erinnerung hervor; wenn wir daher Augenblicke klarer und sehr lebhafter Erinnerung in der Vergangenheit entdecken können, so wissen wir, dass sie das

Ergebnis von Bewusstsein sind. Mit einem Aufblitzen des Bewusstseins haben Sie sehr deutliche Erinnerungen; Ort, Tageszeit, Wochentag und so weiter. Diese Augenblicke von Bewusstsein ergeben eine sehr lebendige Erinnerung.

«Wäre es in einem Augenblick des Selbst-Erinnerns möglich, etwas zu hören, das man gewöhnlich nicht hört?»

Durchaus möglich; aber es kommt darauf an, was. Sie können nicht erwarten, Engel singen zu hören.

Der einzige Weg, sein Erinnerungsvermögen zu verbessern, liegt darin, bewusster zu sein. In keinem anderen System findet sich eine Methode, das Erinnerungsvermögen zu verbessern. In diesem System ist sie genau bestimmt: *Erinnere Dich Deiner selbst.*

Vielleicht nehmen Sie sich am Morgen vor, sich um 12 Uhr Ihrer selbst zu erinnern. Dann denken Sie überhaupt nicht mehr daran, aber vielleicht fällt es Ihnen um ein Uhr ein. So laufen die Dinge. Aber wenn Sie weiter daran arbeiten, kann dies sehr unerwartete Ergebnisse zeitigen. Es geht einzig und allein darum, Kontinuität zu erzeugen. Flüchtige Einblicke kommen vor, aber Kontinuität erfordert Anstrengung. Gleichzeitig dürfen Sie nicht gleich entmutigt sein, denn der Erfolg in der Arbeit wächst langsam. Manchmal entschliessen sich einige, als Übung in diesem System, sich am nächsten Tag zu einer bestimmten Zeit unter bestimmten Umständen ihrer selbst zu erinnern. Vor dem Krieg, als die Leute nach Paris fuhren, trug ich ihnen auf, sich an der Gare du Nord ihrer selbst zu erinnern. Keiner konnte es. Einmal sollte mich ein Freund an der Gare du Nord treffen, und ich forderte ihn auf, sich, sowie er dort ankam, seiner selbst zu erinnern. Aber er tauchte nur mit einem sehr besorgten Gesicht auf und sagte: «Ich habe etwas vergessen, worum Sie mich baten, war es etwas, dass ich hätte besorgen sollen?»

Man muss unterscheiden, was Selbst-Erinnern ist und was nicht. Zum Beispiel ist es ein riesiger Unterschied, sich der Zusage zu erinnern, dass Sie sich um zwölf Uhr Ihrer selbst erinnern wollten und dem tatsächlichen Selbst-Erinnern. Man muss unbedingt zu denken lernen. Wir haben viel Stoff zum richtigen Denken, aber man darf es nicht vergessen.

Um in diesem System stärker zu werden, müssen Sie Wissen und Sein ansammeln. Da das Sein mit der Erinnerung dessen, was wir uns versprochen haben, zusammenhängt, können wir unser Sein auf diese Art stärken. Die Erinnerung an unsere Misserfolge kann auch sehr nützlich sein, aber manchmal ist sie völlig unbrauchbar. Wenn Sie sich Ihrer Misserfolge erinnern und weinend dasitzen, oder jemand anderem die Schuld geben, wird das nicht helfen.

«Das Empfangen von Eindrücken ist ein mechanischer Vorgang, nicht wahr?»

Sie werden auf verschiedene Arten benutzt. Nehmen Sie Wissen – man kann mit genügend chinesischen Wörtern Chinesisch lernen. Wenn man genügend musikalische Eindrücke sammelt, versteht man Musik. Bewegungsenergie sammelt Erinnerungen einer Strasse oder eines Ortes.

«Sagten Sie, das Magnetische Zentrum sei eine Gruppe beständiger Interessen? Würden Sie das erläutern?»

Ja. Wenn wir uns erinnern könnten, was wir letzte Woche, letzten Monat, letztes Jahr gerne hatten – wenn wir uns erinnern könnten – so würde das ein permantentes Gravitationszentrum bilden. Im allgemeinen vergessen wir. Aber wenn wir uns erinnern können und damit fortfahren, dieselben Dinge zu lieben, bewirkt dies ein Gravitationszentrum. Es ist sogar besser sich dessen zu erinnern, was man ablehnt, als sich gar nicht zu erinnern.

«Wie kann das Erinnerungsvermögen den Tod überleben?»

Der Tod ist nichts, Sie bemerken ihn vielleicht nicht einmal. Wenn Sie nicht merken, dass Sie sterben, werden Sie auch nicht merken, dass Sie geboren werden.

«Ist Unsterblichkeit für Mensch Nr. 1, 2 und 3 unmöglich?»

Ja, er muss Mensch Nr. 5 werden. Das ist *eine* Antwort. Aber es mag andere Antworten geben. Zum Beispiel können Mensch Nr. 1, 2 und 3 vom Gesichtspunkt der Wiederkehr erneut leben, wieder zurückkehren, aber sie erinnern sich nicht. Um sich zu erinnern, müssen sie Mensch Nr. 5 werden.

«Was genau wird unsterblich, die Essenz oder der physische Körper und die Seele?»

Nur das Gedächtnis. Der Körper wird wieder geboren; die Essenz wird wieder geboren; die Persönlichkeit wird wieder gebildet. Daher ist es keine Frage der Unsterblichkeit, sondern des Erinnerungsvermögens. Wir können zehntausend Mal ohne jeden Gewinn leben, wenn wir uns nicht erinnern. Wenn mechanische Unsterblichkeit möglich wäre, würde sie nichts nützen. Wir müssen uns unserer selbst und der Gegebenheiten erinnern; je mehr, desto besser. Wieder ermahne ich Sie: Was es zu erinnern gilt, ist, dass wir *nicht* erinnern; *nie* erinnern und dass wir nicht wissen, dass wir uns nicht erinnern.

«Habe ich Sie dahingehend richtig verstanden, dass, wenn überhaupt etwas, das Erinnerungsvermögen überlebt?»

Wahrscheinlich nicht ganz; weil das Erinnerungsvermögen gewöhnlich als erstes verschwindet, falls etwas überlebt. Das Erinnerungsvermögen ist sehr unbeständig.

«Es scheint mir, dass wir erst einmal einen Augenblick des Erwachens in diesem Leben erreichen sollten um zu erkennen, wo wir eine Möglichkeit im letzten Leben versäumt haben.»

Sehr gut. Nur, tun Sie das erst einmal.

«Wenn ich auf die versäumten Gelegenheiten in diesem Leben zurückblicke, habe ich das Gefühl, dass ich nur dann hätte anders handeln können, wenn ich ein anderer Mensch gewesen wäre. Von daher scheint mir der einzige Weg, die Wiederkehr zu beeinflussen, der, seine Essenz zu ändern.»

Wiederum, sehr nützlich. Aber wie erreichen Sie das?

«Würde die Erinnerung an eine vorhergegangene Wiederkehr es möglich machen, seine Handlungen zu ändern?»

Das weiss ich nicht. Das werden Sie sehen, wenn Sie sie haben.

«Eine Wiederkehr ist nicht genauso wie das Leben davor, nicht wahr?»

Der Anfang ist immer derselbe.

«Behalten wir bei der Wiederkehr von einem Leben zum anderen die selbe Seinsebene bei?»

Darüber gibt es verschiedene Theorien. Eine Theorie besagt, dass was man in einem Leben erworben hat, sicher wachsen wird. Aber es gibt viele andere Theorien.

«Gehört das Erinnerungsvermögen zur Essenz?»

Es ist besser zu sagen, dass es mit «Ichs» verknüpft ist, die in der Persönlichkeit liegen. Es gibt viele verschiedene Arten von Erinnerungsvermögen: gewöhnliches Gedächtnis, Erinnerung dessen, was wir hören, Erinnerung dieses Systems, Erinnerung an Geruch, Erinnerung an Strassen. Aber wir sprechen von dem Erinnerungsvermögen, das wir kennen. Dieses Erinnerungsvermögen kann sehr leicht verdorben werden.

«Es gibt Leute mit photographischem Gedächtnis. Sind sie bewusster?»

Es gibt viele verschiedene Arten von Gedächtnis. Sie haben eine bestimmte Art von Erinnerungsvermögen. Ein anderer hat eine andere Art. Aber Sie können Ihre eigene Art des Erinnerungsvermögens besser oder schlechter nutzen, indem Sie bewusster oder weniger bewusst sind. Erinnerungsvermögen gibt es in allen Zentren. Es mag in einigen Zentren ein bisschen besser sein als in anderen, aber es gibt nur eine Methode, um das Erinnerungsvermögen zu stärken – indem man bewusster wird. Nicht nur hat jedes Zentrum sein eigenes Erinnerungsvermögen, sondern es gehören einige Arten von Erinnerungsvermögen zur Essenz und einige zur Persönlichkeit.

«Ist das Erinnerungsvermögen eine Funktion des Körpers? Kann es mit der Bewegung verglichen werden?»

Sie können es eine Körperfunktion nennen, wenn Sie wollen. Aber wozu es mit der Bewegung vergleichen? Eins ist nicht wie das andere. Das Erinnerungsvermögen ist etwas in uns, vielleicht in der Essenz, vielleicht in der Persönlichkeit. Wir erinnern uns in der Persönlichkeit, aber die Erinnerung an Geschmack oder Geruch liegt in der Essenz. Aber man erinnert sich in Wirklichkeit in der Persönlichkeit.

«Was müssen wir tun um zu vermeiden, dass unser Erinnerungsvermögen verdorben wird?»

Arbeiten Sie zuerst an der Einbildung; dann am Lügen. Diese

zwei Dinge zerstören unser Erinnerungsvermögen. Als wir zuerst vom Lügen sprachen, fanden es die Leute sonderbar; sie erkannten nicht, dass man sein Erinnerungsvermögen vollständig zerstören kann. Kämpfen Sie auch mit der Einbildung nicht nur als Sport oder Übung.

«Was kann uns dabei helfen, Lügen in uns selbst wahrzunehmen?»

Da gibt es viele verschiedene Dinge; als erstes Analyse von Fakten, Worten und Theorien. Es hilft sehr, zu erkennen, wie andere Leute lügen, und dann, eines schönen Morgens, kann man bei sich selbst beginnen.

«Zerstört die falsche Persönlichkeit das Erinnerungsvermögen?»

Ja, man kann sagen, dass falsche Persönlichkeit das Erinnerungsvermögen entweder zerstört oder entstellt.

«Ist die falsche Persönlichkeit eine Form der Lüge?»

Lassen Sie die falsche Persönlichkeit. Sie ist keine Form der Lüge, sie ist eine Abwehr. Indem man mittels der Scheinpersönlichkeit unangenehme Folgen vermeidet, kann man sich selbst auf eine bestimmte Art fühlen.

«Resultiert dieses Verderben des Erinnerungsvermögens in einer physiologischen Änderung?»

Oh, ja! Es kann totalen Wahnsinn herbeiführen. Die alten Psychologen wussten dies. Sie sprachen von Hysterikern und so weiter. Aber sie erkannten nicht, dass wir gerade durch unser übliches psychologisches Spiel das Erinnerungsvermögen verderben können. Ideen erlügen, über Ideen phantasieren und so weiter.

«Welche Wirkung hätte harte Arbeit am Gedanken-Stoppen auf die Wiederkehr?»

Ob richtig oder falsch, es bleibt vielversprechend.

«Wie kann man dahin gelangen, Erinnerungsvermögen in der Wiederkehr zu entwickeln?»

Das ist sehr interessant und sehr wichtig. Es ist notwendig, das Erinnerungsvermögen zu entwickeln, wie es auch möglich ist, das Erinnerungsvermögen zu zerstören. Gemäss der Theorie der

Wiederkehr ist Selbst-Erinnern der einzige Weg, das Erinnerungsvermögen zu entwickeln. Wenn man sich seiner selbst in diesem Leben erinnert, wird man sich auch das nächste Mal erinnern.

«Ist es möglich, bei der Idee der Wiederkehr emotional zu fühlen?»

Ja, es ist möglich, besonders, wenn man auch nur eine kleine Erinnerung hat. Ich meine nicht alles, aber sogar eine schwache Erinnerung kann interessantes emotionales Verstehen ergeben.

«Wenn man das starke Gefühl hat, dass ein Ereignis bereits zuvor stattfand, kann man es dann benutzen, um das Erinnerungsvermögen zu entwickeln?»

Oh, es kann auf viele verschiedene Arten geschehen; nur nach sehr langem und sehr ernsthaftem Nachforschen kann man zu dem Schluss kommen, dass es sich dabei möglicherweise um Tatsachen handelt.

«Ich machte mir Gedanken darüber, ob es unserer nächsten Wiederkehr nicht zuträglich wäre, wenn wir mit dieser Arbeit etwas anfangen könnten, bevor wir sterben.»

Ja, was zuvor geschieht, kann bestimmen, was nachher auf viele verschiedene Arten geschieht. Das ist nicht Wiederkehr.

Die Frage ist, wie man sich auf die Wiederkehr vorbereiten kann. Nehmen Sie an, Sie wollten in einem bestimmten Leben etwas tun, und Sie merken, dass Sie es nicht tun können. Das erfordert Hilfe. Wenn Sie diese Hilfe nicht physisch erhalten können, werden Sie darüber nachdenken und erkennen, dass Sie sich auf diese Hilfe während des vorhergegangenen Lebens vorbereiten müssen. Dieses Leben ist zu spät; das nächste Leben ist zu spät; das vorhergehende Leben ist die einzige Chance. Denken Sie darüber nach. Vielleicht versäumten Sie eine Gelegenheit. Wenn ein Mensch merkt, dass er etwas nicht tun kann, denkt er an eine frühere Zeit, zu der er es vielleicht hätte tun können, oder vielleicht konnte er es nicht. Denken Sie darüber nach, was das beinhaltet.

«Hätte er nicht eine bestimmte Erinnerung haben müssen, um Fehler in seinem vergangenen Leben oder seinen Mangel an Vorbereitung erkennen zu können?»

Es mögen keine Fehler da gewesen sein, lediglich Mangel an Vorbereitung. Völlig richtig. Man braucht Vorbereitung. Man sagt, man sei nicht vorbereitet. Vielleicht hätte man vorher vorbereitet sein können. Können Sie etwas daran ändern? Es ist schwer, ich weiss. Aber man kann erkennen, dass man für eine bestimmte Sache nicht vorbereitet ist. Wir sprachen von sechs Triaden. In einer Triade können Sie eine Sache tun, in einer anderen etwas anderes. Aber dies ändert alle Vorstellungen von Wiederkehr. Was für einen Menschen richtig sein könnte, wäre für einen anderen nicht richtig. Zum Beispiel sagte ich, dass sogar theoretisches Wissen von der Wiederkehr unser ganzes Verhältnis zur Wiederkehr ändert. Es hängt auch davon ab, wie tief ein Mensch weiss; es gibt viele Stufen.

«Kann das Gesetz der Sieben im Hinblick darauf beobachtet werden, wie Dinge geschehen oder auftauchen?»

Über das Gesetz der Sieben können Sie sprechen, wenn Sie zwei Intervalle in einer Oktave finden.

«Kann man es in seiner Wirkung nur über einen Zeitraum von vielen Jahren wahrnehmen oder sofort?»

Sie können das Erinnerungsvermögen benutzen. Das bedeutet nicht, dass Sie eigentliche Tatsachen beobachten. Und Sie müssen zwei Intervalle in einer Oktave sehen.

«Was kann man tun, um die Illusion der Zeit zu verstehen?»

Man kann verstehen, dass es so etwas wie Zeit nicht gibt. Und warum? Weil es Tatsachen gibt, die das Nichtvorhandensein der Zeit aufzeigen. Ewige Wiederkehr lässt sich nicht mit unserem gegenwärtigen Zeitsinn vereinbaren. Darin liegt die ganze Sache, deshalb muss man den Zeitsinn loswerden. Wiederkehr bezieht sich auf Ewigkeit, nicht auf Zeit.

«Können wir das Muster davon abhalten, sich zu wiederholen?»

Wenn Sie ein gutes Erinnerungsvermögen haben, können Sie es.

«Behaupten Sie, dass es wirklich etwas ausmachen würde, wenn man die Theorie der Wiederkehr akzeptiert?»

Wenn man lernt, wenn man arbeitet, gibt es Material zum

Verstehen. Wir verwenden Verstehen und Mangel an Verstehen. Wenn wir genug denken, mögen wir etwas verstehen, und wir können die Wiederkehr tatsächlich ändern.

«Wäre es richtig zu sagen, der einzige Beweis für die Wiederkehr liege darin, dass sich in diesem Leben einige Leute erinnern, zuvor gelebt zu haben?»

Nein, das ist sehr schwach. Sehr wenig Leute erinnern sich, und Sie können immer sagen, dass sie lügen.

«Würde der Glaube an die Wiederkehr nicht in einem starken Drang, Anstrengungen zu unternehmen, resultieren?»

Glaube wird nicht helfen; Glaube stumpft ab; er hat nicht genug Kraft. Aber bei der lebendigen Anschauung könnte dies der Fall sein.

Wir können einige Dinge durch Denken verstehen. Zum Beispiel die Frage, ob alle Menschen in gleicher Weise von der Wiederkehr berührt werden. Es ist unmöglich, einfach ja oder nein zu sagen, weil das, was auf einen Menschen angewendet werden kann, sich nicht auf einen anderen anwenden lässt. Für einen Menschen werden es dieselbe Strasse, dasselbe Haus, dieselben Katzen sein. Aber für andere Menschen kann es anders sein. Grosse Dichter, grosse Schriftsteller müssen vielleicht nicht dieselben Strassen gehen. Sie können andere Strassen gehen und doch dieselben Dinge tun. Diesem Unterschied brauchen keine Anstrengungen zugrunde zu liegen, sondern Fähigkeiten, Leistung und ein weiter Horizont des Denkens und Fühlens. Ein grosser Dichter braucht vielleicht dieselben Verse nicht noch einmal zu schreiben. Vielleicht zog er nicht alles, aber genug, aus seiner Umgebung, so dass er etwas anderes probieren kann, das er das letzte Mal nicht versuchte.

«Nach den Vorlesungen fragen die Leute immer, ob grosse Dichter das Sein von Mensch 1, 2 und 3 haben. Nun sagen Sie, dass ein Dichter dieselbe Sache nicht noch einmal machen muss.»

Nein. Er mag ein grosser Dichter sein und dennoch zur objektiven Kunst gehören. Andere, weniger grosse Dichter mögen objektive Kunst hervorbringen.

Denken Sie über einige dieser Ideen nach, aber glauben Sie nicht, dass Sie wissen. Es gibt viele Variationen, viele Möglichkeiten. Denken Sie, denn es gibt nichts Wichtigeres für Sie.

Scheinpersönlichkeit

Eine Studie über den imaginären Menschen

Vorwort

Der Text dieses Kapitels ist eine Rekonstruktion von Anmerkungen, die P. D. Ouspensky anlässlich von Treffen äusserte, die zwischen 1930 und 1944 gehalten wurden. Einige Veränderungen im Wortlaut waren unvermeidlich beim Versuch, Antworten auf Fragen in unterschiedlichen Kontexten zusammenzustellen und sie in eine Reihenfolge zu bringen; aber es wurde sorgfältig darauf geachtet, die Ansichten des Autors nicht zu verändern oder ihnen etwas hinzuzufügen. Fragen, die Mitglieder von Ouspenskys Gruppen stellten, sind in Anführungsstriche gesetzt, um sie von Ouspenskys Worten zu unterscheiden, die nicht in Anführungsstrichen stehen.

In diesem Buch finden sich Worte und Ausdrücke, die speziel-le Bedeutungen in Zusammenhang mit einem System des Vierten Wegs haben, welches Ouspensky lehrte. Das Buch kann von keinem verstanden werden, der diese Bedeutungen nicht kennt. Es wird hier keine Erläuterung versucht, erstens weil dies Buch für Leute bestimmt ist, die die Sprache bereits kennen, und zweitens weil die Erläuterung der besonderen Begriffe in Ouspenskys veröffentlichten Werken zu finden ist, besonders in *Vom Inneren Wachstum des Menschen.*

Inhalt

Entwicklung des Gewissens das Ziel dieses Systems – Puffer ein Hindernis für die Entwicklung des Gewissens – Notwendigkeit moralischen Empfindens – Puffer und Gewissen – Bedeutung von «Seele» in diesem System – Seele füttert den Mond – Mond in sich erschaffen – Vielfalt unseres Seins und Abwesenheit eines permanenten «Ich» – Finden dessen, was in sich durch Unterscheiden zwischen «Ich» und dem Rest geändert werden kann – Fünf Bedeutungen des Wortes «Ich» – Scheinpersönlichkeit – Essenz und Persönlichkeit und ihre Beziehung zu Schicksal und Zufall – Gesetze und Einflüsse – Studium der Scheinpersönlichkeit als Mittel, das Selbst-Erinnern zu lernen – Scheinpersönlichkeit und negative Gefühle – Kennenlernen der Scheinpersönlichkeit und Finden ihres Hauptzuges – Richtige Teilung seiner selbst – Gefahr, zwei zu werden – Kristallisation – Scheinpersönlichkeit verteidigt sich – Statische Triade – Wertschätzung

1

Das Ziel dieses Systems ist, den Menschen zum Gewissen zu bringen. Gewissen ist eine bestimmte Qualität, die sich in jedem normalen Menschen findet. In der Tat ist es ein anderer Ausdruck derselben Qualität wie Bewusstsein, nur arbeitet Bewusstsein mehr auf der intellektuellen Seite und Gewissen mehr auf der moralischen (d.h. emotionalen) Seite. Das Gewissen hilft einem Menschen zu erkennen, was in seinem eigenen Verhalten gut und was schlecht ist. Gewissen vereint die Gefühle. Wir können am selben Tag eine grosse Vielzahl widersprüchlicher Gefühle erfahren, angenehme und unangenehme dem selben Gegenstand gegenüber, entweder eine nach der anderen oder sogar gleichzeitig, und wir bemerken die Widersprüche nicht aus Mangel an Gewissen. Puffer hindern ein «Ich» oder eine Persönlichkeit daran, eine andere zu sehen, aber in einem Zustand des Gewissens kommt ein Mensch nicht darum herum, all diese Widersprüche wahrzunehmen. Er wird sich dessen erinnern, dass er etwas am Morgen sagte, etwas anderes am Nachmittag und noch etwas anderes am Abend, aber im gewöhnlichen Leben wird er sich nicht daran erinnern, oder – falls er es tut – wird er darauf bestehen, nicht zu wissen, was gut ist und was schlecht.

Der Weg zum Gewissen führt über die Zerstörung von Puffern, und Puffer können durch Selbst-Erinnern und durch Sich-nicht-identifizieren zerstört werden.

Die Idee des Gewissens und die Idee der Puffer bedürfen langen Studiums, aber wenn wir von der moralischen Seite dieses Systems sprechen, so sollte von Anfang an verstanden werden, dass ein Mensch einen Sinn für gut und schlecht haben muss. Wenn er den nicht hat, kann nichts für ihn getan werden. Er muss mit einem gewissen moralischen Sinn beginnen, einem Sinn für richtig oder falsch, um mehr zu bekommen. Er muss zuerst die Relativität der gewöhnlichen Moral verstehen, und zweitens muss er die Notwendigkeit des objektiven Richtig oder Falsch erkennen. Erst wenn er die Notwendigkeit von einem objektiven und permanenten Richtig und Falsch einsieht, wird er die Dinge vom Gesichtspunkt dieses Systems aus betrachten.

Gewissen ist in der Essenz, nicht in der Persönlichkeit, während das Magnetische Zentrum in der Persönlichkeit ist, nicht in der Essenz. Das Magnetische Zentrum wird in diesem Leben erworben. Es ist im intellektuellen Teil des emotionalen Zentrums, obgleich vielleicht auch im intellektuellen Teil des intellektuellen Zentrums, und hat B-Einflüsse zur Grundlage.

«Muss man Puffer nicht entfernen, um das Gewissen zu erwecken?» fragte jemand.

Wenn Puffer nur schon erschüttert werden, erwacht das Gewissen.

«Wie kann man entdecken, welches die eigenen Puffer sind?» fragte ein anderer.

Manchmal geht es. Wenn man die richtige Vorstellung von Puffern hat, kann man seine eigenen finden.

Es gibt einen grossen Unterschied zwischen Entschuldigungen und Puffern. Entschuldigungen können jedes Mal verschieden sein, wenn aber die Entschuldigung jedes Mal dieselbe ist, wird sie zum Puffer.

Puffer stehen mit Gewissen in Verbindung. Gewissen ist ein Wort, das wir gewöhnlich in einem konventionellen Sinn verwenden, um eine Art anerzogener emotionaler Gewohnheit zu bezeichnen. In Wahrheit ist Gewissen eine besondere Fähigkeit, die jeder besitzt, aber die niemand im Schlafzustand gebrauchen kann. Selbst wenn wir das Gewissen für einen Augenblick zufällig fühlen, wird es eine sehr schmerzhafte Erfahrung sein, so schmerzhaft, dass wir es sogleich loswerden wollen. Leute, in denen gelegentlich das Gewissen flüchtig auftaucht, erfinden alle Arten von Methoden, um dies Gefühl los zu werden. Es ist die Fähigkeit, all das gleichzeitig zu fühlen, was wir gewöhnlich zu verschiedenen Zeiten fühlen. Versuchen Sie zu verstehen, dass all unsere verschiedenen «Ich»s verschiedene Gefühle haben. Ein «Ich» fühlt, dass es etwas mag, während ein anderes es hasst, und einem dritten «Ich» ist es gleich. Aber wir fühlen diese Dinge nie zur gleichen Zeit, weil Puffer zwischen ihnen liegen.

Wegen dieser Puffer können wir das Gewissen nicht benutzen, können wir nicht gleichzeitig zwei widersprüchliche Dinge fühlen, die wir zu verschiedenen Zeiten fühlen. Wenn ein Mensch sie zufällig gleichzeitig fühlt, leidet er. Daher sind in unserem gegenwärtigen Zustand Puffer notwendige Dinge, ohne die ein Mensch verrückt würde. Aber wenn er sie versteht und sich vorbereitet, dann kann er nach einiger Zeit anfangen, die Widersprüche zu zerstören und die Puffer zu beseitigen.

Das Brechen einer mechanischen Gewohnheit, ob gut oder schlecht, mag unbequem sein, denn wir haben mechanische Gewohnheiten wie Verhaltensregeln und moralische Regeln, die wir in unserer Erziehung erhalten. In den meisten Fällen erfahren wir daher das Gewissen nicht; wir haben zu viele Puffer. Wie ich sagte, gibt es Trennwände zwischen unseren emotionalen Haltungen, und das Gewissen zu erfahren bedeutet, hundert Dinge gleichzeitig zu sehen. Wenn Trennwände verschwinden, werden alle inneren Widersprüche gleichzeitig gesehen. Das ist sehr unangenehm, und da es unser gewohntes Lebensprinzip ist, unangenehme Empfindungen und Wahrnehmungen zu vermeiden, laufen wir vor ihrem Anblick davon. Auf diese Art schaffen wir innere Puffer. Widersprüche, die einer nach dem anderen auftauchen, scheinen nicht widersprüchlich; sie müssen gleichzeitig gesehen werden.

Wir sind Maschinen und müssen sehen, wo wir etwas ändern können, denn in jeder Maschine gibt es immer einen Punkt, an dem es möglich ist anzufangen.

Manchmal fragen Leute, ob es irgendetwas Beständiges in uns gibt. Zwei Dinge gibt es, Puffer und Schwächen. Die Schwächen werden manchmal Merkmale genannt, aber sie sind wirklich nur Schwächen. Jeder hat eine, zwei oder drei besondere Schwächen, und jeder hat bestimmte Puffer, die zu ihm gehören. Er besteht aus Puffern, aber einige sind besonders wichtig, weil sie alle seine Entscheidungen und sein gesamtes Verstehen beeinflussen. Diese Merkmale und Puffer sind alles, was in uns beständig genannt werden kann, und es ist unser Glück, dass es nichts Permanenteres in uns gibt, denn diese Dinge *können* geändert werden.

Puffer sind künstlich; sie sind nicht organisch; sie werden

hauptsächlich durch Nachahmung erworben. Kinder beginnen, erwachsene Leute nachzuahmen und erzeugen so einige ihrer Puffer. Andere werden unwissentlich von der Erziehung erschaffen. Wenn es möglich wäre, ein Kind unter Leute zu geben, die erwacht sind, würde es nicht einschlafen, aber – unter den Bedingungen, in denen wir leben – tritt die imaginäre Persönlichkeit oder das imaginäre «Ich» in einem Kind in einem Alter von sieben oder acht Jahren auf. Manchmal fragen Leute, ob wir Puffer in unserem gegenwärtigen Bewusstseinszustand sehen können. Wir können sie in anderen Leuten sehen, aber nicht in uns selbst.

2

Der Mensch wird in vier Teile aufgeteilt: Körper, Seele, Essenz und Persönlichkeit.

Persönlichkeit und Essenz scheinen nicht getrennt zu sein, aber wir können studieren, was zur Essenz gehört und was zur Persönlichkeit gehört. Die Vorstellung von der Seele als einem separaten Organismus, der den physischen Körper beherrscht, kann nicht als begründet angesehen werden. Die nächste Annäherung an die Vorstellung von der Seele, wie sie bis zum siebzehnten Jahrhundert verstanden wurde, ist das, was Essenz genannt wird. Der Begriff Seele wird in diesem System verwandt, aber nur im Sinne von Lebensprinzip. Essenz, Persönlichkeit und Seele entsprechen zusammengenommen dem, was gewöhnlich Seele genannt wurde. Aber es wurde angenommen, dass die Seele eine vom Körper separate Existenz habe, während wir in diesem System nicht annehmen, dass Essenz, Persönlichkeit und Seele eine vom Körper getrennte Existenz haben.

Es wird uns gesagt, dass wenn ein Mensch stirbt oder wenn irgendetwas stirbt (Mensch oder Küchenschabe, es ist genau das gleiche) seine Seele (d. h. sein Lebensprinzip) zum Mond geht. Die Seele ist Stoff; eine bestimmte Menge feinen Stoffes, Energie, wenn Sie mögen, die den Körper beim Tod verlässt. In einem normalen Menschen hat die Seele kein Bewusstsein, sie ist rein mechanisch, so dass sie nicht leidet. Aber der Mensch kann eine Art von Halb-Bewusstsein erzeugen, das in die Seele übergehen kann, und dann mag die Seele, die zum Mond geht, dessen gewahr sein, was mit ihr geschieht. Dies geschieht nur in sehr seltenen Fällen und nur, wenn die Essenz während des Lebens gestorben ist. Dann kann die Seele auf diese Art einiges Material von der Essenz bekommen. In der Tat gibt es viele andere Leute, die die Essenz töten und im Leben wirklich tot sind, aber das betrifft uns jetzt nicht. Lassen Sie uns also darüber sprechen, was es bedeuten würde, den Mond in sich selbst zu erzeugen.

Zuerst, was ist der Mond? Was ist die Funktion des Mondes in bezug auf den Menschen, auf den individuellen Menschen? Was würde geschehen, wenn diese Funktion des Mondes verschwinden sollte; wäre es vorteilhaft oder das Gegenteil? Wir wissen zum Beispiel, dass der Mond alle unsere Bewegungen beherrscht, so dass wir nicht fähig wären, irgendeine Bewegung zu machen, falls der Mond verschwinden sollte; wir würden zusammenbrechen wie Marionetten, deren Fäden durchgeschnitten wurden.

Wir müssen erkennen, dass all dies sich auf das Sein bezieht. Was sind die Merkmale unseres Seins? Das Hauptmerkmal unseres Seins ist, dass wir viele sind, nicht einer. Wenn wir an unserem Sein arbeiten wollen, damit es unserem Ziel besser entspricht, müssen wir versuchen, eins zu werden. Aber das ist ein sehr fernes Ziel. Was bedeutet es, eins zu werden? Der erste Schritt, der noch sehr weit entfernt ist, besteht darin, ein permanentes Gravitationszentrum zu schaffen. Dies ist mit ‹den Mond in uns selbst erzeugen› gemeint. Der Mond ist ein permanentes Gravitationszentrum in unserem physischen Leben. Wenn wir ein Gravitationszentrum in uns selbst schaffen, brauchen wir den Mond nicht.

Aber erst müssen wir bestimmen, was die Abwesenheit des permanenten «Ich» bedeutet. Wir finden an seiner Stelle viele der Merkmale oder Schwächen, die weiter oben erwähnt wurden, aber diese müssen eindeutig bewiesen sein, durch uns selbst, durch Beobachtung. Dann müssen wir einen Kampf gegen diese Merkmale, die uns daran hindern, eins zu werden, beginnen. Wir müssen mit Einbildung, negativen Gefühlen und Eigenwillen kämpfen. Ehe dieser Kampf erfolgreich sein kann, müssen wir erkennen, dass die schlimmst mögliche Art von Einbildung vom Gesichtspunkt des Erwerbs eines Gravitationszentrums aus der Glaube ist, irgendetwas aus sich selbst *tun* zu können. Hiernach müssen wir mit den negativen Gefühlen kämpfen, die uns daran hindern, das zu tun, was uns in Verbindung mit diesem System gesagt wurde. Denn man muss erkennen, dass Eigenwille nur dadurch gebrochen werden kann, dass man tut, was einem gesagt wurde. Er kann nicht dadurch gebrochen werden, dass man tut, was man selbst entschieden hat, denn das wird weiterhin Eigenwille sein. Eigenwille ist immer Kampf gegen den Willen eines anderen. Eigenwille kann sich nicht manifestieren, ohne sich gegen den Willen eines anderen zu stellen.

Es mag Ihnen helfen, wenn Sie ein Blatt Papier nehmen und darauf aufschreiben, was Ihr Sein ausmacht. Dann werden Sie sehen, dass das Sein nicht aus sich selbst wachsen kann. Zum Beispiel ist ein Merkmal unseres Seins, dass wir Maschinen sind; ein anderes, dass wir nur in einem kleinen Teil unserer Maschine leben; ein drittes, unsere Vielzahl an «Ichs». Wir sagen «Ich», aber dieses «Ich» ist jeden Augenblick anders. In einem Augenblick sage ich «Ich», und es ist ein «Ich»; fünf Minuten später sage ich «Ich», und es ist ein anderes «Ich». So haben wir viele «Ichs», die sich alle auf derselben Ebene befinden, und es gibt kein zentrales, dominantes «Ich». Dies ist unser Seinszustand; wir sind niemals einer und wir sind niemals derselbe. Wenn Sie all diese Merkmale niederschreiben, werden Sie sehen, was eine Änderung des Seins bedingen würde und was geändert werden kann. In jedem besonderen Merkmal gibt es etwas, das sich ändern kann, und eine kleine Änderung in einem Merkmal bedeutet auch eine Änderung in einem anderen.

Einer der ersten und wichtigsten Faktoren beim Versuch, sich zu ändern, ist die Teilung seiner selbst. Die richtige Teilung ist zwischen dem, was wirklich «Ich» ist, und dem gesamten Rest, den wir «Ouspensky» nennen können, oder wie auch immer Ihr Name sein mag. Wenn diese Teilung nicht gemacht wird, wenn man sie vergisst und weiterhin auf die übliche Weise über sich selbst denkt, oder wenn man fortgesetzt «Ich» und Ouspensky benutzt, aber auf die falsche Art, dann hört die Arbeit auf. Die erste Linie der Arbeit kann nur auf der Grundlage dieser Teilung fortschreiten. Keine anderen Linien sind offen, wenn diese Teilung vergessen wird, aber es muss die richtige Teilung sein. Es geschieht oft, dass Leute eine falsche Teilung machen. Was sie an sich selbst mögen, nennen sie «Ich», und was sie nicht mögen, oder was schwach oder unwichtig ist, das nennen sie «Ouspensky», «Petroff», «Ivanoff» oder was immer ihr Name gerade ist. Wenn Sie auf diese Art teilen, ist es völlig falsch. Es ist nicht genug, dass Sie heute eine richtige Entscheidung treffen und sie morgen vergessen. Sie müssen eine richtige Entscheidung treffen und sie in Ihrem Gedächtnis behalten.

(Es wurde ein tatsächliches Beispiel einer falschen Teilung gegeben. Ein Mann namens Petroff, der zu einer von Ouspenskys Gruppen gehört hatte, unterteilte sich in zwei Teile. Einen von ihnen beschrieb er als «er erhält mich am Leben» und nannte ihn «Ich»; den Rest nannte er Petroff.)

Diese falsche Teilung ist einfach Lügen, sich selbst Belügen, was schlimmer ist als alles andere, denn in dem Augenblick, in dem man der kleinsten Schwierigkeit begegnet, wird sich dies durch inneres Argumentieren und falsches Verständnis zeigen.

«Worin liegt die Ursache dieser Schwierigkeit, sich selbst zu teilen?» fragte Mrs. X.

«Der Ursprung sind Sie und Mrs. X. Mrs. X. glaubt, sie wisse besser als Sie. Sie glaubt wichtiger zu sein und möchte, dass Sie tun, wie sie will.

«Eine der Schwierigkeiten», sagte Mr. Y., «ist, dass Y. in bestimmten Situationen besser weiss als ‹Ich›.»

Y. weiss nichts.

«Aber er glaubt es», sagte Mr. Y.

Müssen Sie gehorchen? Wenn Sie glauben, er wisse am besten, dann beobachten Sie ihn einfach, und das wird Sie zum richtigen Verstehen führen. Die erste Bedingung ist, daß Sie nichts glauben dürfen. Was nützt es, wenn Sie versuchen, ein permanentes «Ich» zu erzeugen, während Sie weiterhin an Mr. Y. glauben? Das wirkliche «Ich» wird durch das Verlangen *zu sein* und *zu wissen* geschaffen und alles andere gibt es nicht. Also gibt es eigentlich nichts zu teilen. Wir dürfen nichts glauben oder wir werden nirgendwohin gelangen.

In diesem System kann von dem Wort «Ich» auf fünf Arten auf fünf verschiedenen Ebenen gesprochen werden. Der Mensch in seinem gewöhnlichen Zustand besteht aus einer Vielzahl von «Ichs»; dies ist die erste Bedeutung. Im Diagramm wird sie durch das Quadrat von «Ichs» angedeutet. Wenn ein Mensch sich entschliesst zu arbeiten, erscheint ein beobachtendes «Ich» (auf dem Diagramm in schwarz gezeigt); das ist die zweite Bedeutung. Die dritte Bedeutung, durch den kleinsten Kreis bezeichnet, ist, wo der Stellvertretende Haushälter erscheint. Er beherrscht eine Anzahl «Ichs». Die vierte Bedeutung, durch den mittleren Kreis angezeigt, ist, wo der Haushälter erscheint. Er beherrscht alle «Ichs». Die fünfte Bedeutung ist die des Herrn. Er ist als großer äußerer Kreis gezeichnet, da er einen Zeitkörper hat. Er kennt die Vergangenheit und auch die Zukunft, obwohl es hiervon verschiedene Grade geben muss.

3

Wie erklärt wurde, unterteilen wir in diesem System in «Ich» und «Jones», «Ich» und «Smith» und so weiter, wie auch immer unsere Namen gerade lauten. Was nun verstanden werden muss, ist, dass Jones, Smith, Ivanoff, Petroff und so weiter die *Scheinpersönlichkeit* sind, die jeder von uns hat, aber diese Teilung darf nicht mit der Teilung zwischen Essenz und Persönlichkeit verwechselt werden.

Essenz ist, womit wir geboren werden, unsere Fähigkeiten und Unfähigkeiten. Sie steht mit dem «Typ» in Verbindung wie auch mit dem physischen Körper. Wir können an ihr nicht direkt arbeiten. Vom Gesichtspunkt der Arbeit an uns selbst aus betrachtet, ist die Persönlichkeit alles, was wir haben. Wenn ein Mensch zu arbeiten beginnt, ruft das Magnetische Zentrum das beobachtende «Ich» ins Leben. Dies «Ich» ist auch eine Persönlichkeit, die den Rest der Persönlichkeit und Essenz erziehen muss.

«Ist es richtig anzunehmen, dass eine Person mit einer hoch entwickelten Persönlichkeit diese Arbeit schwieriger finden würde?»

Ja und nein. Es hängt nicht so viel vom Gewicht der Persönlichkeit ab als von ihrem Zustand, ob sie erzogen ist, schlecht erzogen oder unerzogen. Sie kann in der Gewalt des imaginären «Ich» sein, und dann ist sie falsch.

Das Sein wird von der Teilung in Persönlichkeit und Essenz nicht betroffen. Wissen und Sein sind zwei Seiten dessen, von dem wir in bezug auf die Möglichkeit menschlicher Entwicklung sprechen. Sie bilden ein gegensätzliches Paar. Persönlichkeit und

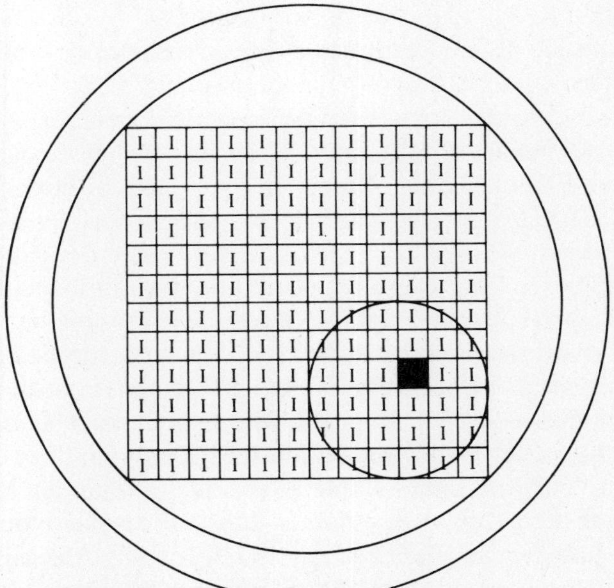

Essenz bilden ein weiteres Gegensatzpaar auf einer anderen Skala.

Persönlichkeit ist erworben; Essenz gehört uns, es ist das, womit wir geboren wurden, das, was nicht von uns abgetrennt werden kann. Sie sind vermischt, und wir können gegenwärtig die eine nicht von der anderen unterscheiden, aber es ist nützlich, sich dieser Teilung als einer theoretischen Tatsache zu erinnern.

Die Essenz, oder der Menschentyp, ist das Ergebnis planetarischer Einflüsse. Planetarische Einflüsse bestimmen viele grosse Ereignisse im Leben der Menschheit, wie Kriege und Revolutionen. Unsere Gefühle stammen ursprünglich von den Planeten, und unterschiedliche Kombinationen planetarischer Einflüsse erzeugen verschiedene Essenzen. Je nach unserem Typ handeln wir in bestimmten Umständen auf die eine oder andere Weise. Man sagt, dass es zwölf oder achtzehn Haupttypen und dann Kombinationen von diesen gibt. Es ist sehr selten, dass Sie einem reinen Typ begegnen, aber verschiedene Merkmale spielen eine verschiedene Rolle in verschiedenen Typen, obwohl jeder Typ alles hat.

«Wenn Sie als ein bestimmter Typ geboren sind, können Sie ihn jemals ändern?» fragte jemand.

Wenn es ein sehr schlechter Typ ist und Sie sehr hart arbeiten, können Sie ihn ändern. Zuerst müssen Sie den Typ kennen – das heisst die Essenz kennen. Wenn Sie in der Essenz etwas finden, das mit dem Ziel unvereinbar ist, dann können Sie es vielleicht ändern, wenn Sie sehr hart arbeiten. Essenz ist in der Persönlichkeit verborgen; die Strahlen planetarischer Einflüsse können nicht hindurchdringen, weil die Persönlichkeit zufällig ist. Die Leute werden durch planetarische Einflüsse nur in bestimmten Teilen ihrer selbst berührt, Teilen, die immer da sind, so dass diese Einflüsse eine Wirkung auf Menschen in der Masse haben, aber in normalen Fällen nur selten Individuen berühren.

«In welchem Ausmass», fragte jemand, «kommt ein Mensch, der unter dem Gesetz des Zufalls steht, abgesehen von seiner Geburt und seinem Tod, unter das Gesetz des Schicksals?»

Das hängt von dem Verhältnis zwischen Persönlichkeit und

Essenz ab. Wenn die Persönlichkeit stark ist, bildet sie eine Schale um die Essenz, dann gibt es sehr wenig Schicksal. Die planetarischen Einflüsse, die Schicksal, Typ, Essenz beherrschen, erreichen uns nicht, wenn die Persönlichkeit sehr stark ist. Aber es gibt einige Leute, die, gänzlich ohne den Einfluss von «Schulen», mehr in der Essenz leben. In ihnen ist die Persönlichkeit sehr schwach, und sie stehen mehr unter dem Gesetz des Schicksals als andere Leute. Sie sind von gewissen Einflüssen abhängiger als andere Leute; ich werde nicht sagen, was diese Einflüsse sind, denn das führt nur zu Einbildungen. Sie müssen dies selbst herausfinden. Im Leben gewöhnlicher Menschen findet sich nichts von Schicksal, Geburt und Tod ausgenommen. Wie ich gesagt habe, unterliegt der individuelle Mensch den planetarischen Einflüssen nur in geringem Masse, weil seine Essenz unentwickelt und sehr klein ist oder sonstwie zu stark mit seiner Persönlichkeit vermischt ist. Da diese Einflüsse die Persönlichkeit nicht durchdringen können, unterstehen solche Menschen dem Gesetz des Zufalls. Würde der Mensch in seiner Essenz leben, lebte er unter planetarischen Einflüssen oder, mit anderen Worten, unter dem Gesetz des Schicksals. Ob dies zu seinem Vorteil wäre oder nicht, ist eine andere Frage. Es mag in einem Fall besser sein und in einem anderen schlechter. Im allgemeinen besser. Aber planetarische Strahlen können die Persönlichkeit nicht durchdringen; sie werden von ihr reflektiert.

(Als Antwort auf eine Frage über planetarische Einflüsse und Astrologie sagte Ouspensky:)

Kombinationen von Einflüssen produzieren Kombinationen von Typen. Wir wissen nicht, was sie sind und können es nicht herausfinden, indem wir ein Horoskop machen. Das wäre so etwas wie mittelalterliche Psychoanalyse.

«Aber die Kombinationen stammen von Planeten, nicht wahr?»

Ja, ursprünglich. Alle unsere Gefühle und all unsere Vorstellungen kamen ursprünglich von den Planeten, sie wurden nicht hier geboren.

«Sollte man versuchen, in Einklang mit seinen Emotionen zu

leben, oder sollte man stets versuchen, einen guten Grund für sein Tun zu finden?»

Das ist schwer zu sagen. Gefühle können verschieden sein, und die Fähigkeit, sein Leben zu beherrschen, kann verschieden sein. Sehr oft ist es Einbildung. Sehr oft sind alle Fragen wie «Sollte ich dies tun?» oder «Sollte ich jenes tun?» völlig künstlich, denn man kann nur auf eine Art *tun*. Sehr oft glaubt man, etwas auf diese Art oder jene Art tun zu können, aber in Wahrheit kann man es nur auf eine Art tun. Man hat keine Kontrolle. Aber, um zu der Frage selbst zu kommen, meine ich, dass es nützlich ist, von diesem Gesichtspunkt auszugehen: Zu sehen, welche Art von Gefühle Sie meinen, ob es Gefühle sind, die zur Essenz gehören, oder Gefühle, die zur Persönlichkeit gehören. Und sehr oft – nicht immer, aber sehr oft – können Sie den Gefühlen vertrauen, die zur Essenz gehören und den Gefühlen misstrauen, die zur Persönlichkeit gehören. Aber dies ist keine allgemeine Regel; sie zeigt nur Richtlinien des Studiums in Verbindung mit Ihrer Frage. Die Frage selbst zeigt, in welche Richtung Ihr Denken gehen muss. Sie müssen über Essenz und Persönlichkeit nachdenken. Sie müssen über Dinge nachdenken, die Sie in sich selbst kontrollieren können und Dinge, die Sie nicht kontrollieren können. Es ist keine zu beantwortende, sondern eine zu untersuchende Frage.

«Ist die Essenz immer gut?»

Nein, keineswegs.

Die Essenz ist mechanisch, sie lebt nicht aus sich selbst, sie hat keinen speziellen Denkapparat; sie muß durch die Persönlichkeit denken.

Essenz, Typ und Schicksal sind praktisch dasselbe, aber Tatsachen in Verbindung mit dem Schicksal sind sehr schwer zu finden, mit Ausnahme von beinahe physischen Tatsachen wie die Art der Gesundheit, Fähigkeiten oder ähnliches. Es gibt viele andere Dinge, aber sie sind schwer zu erkennen, denn in unserem Zustand arbeitet die Essenz selten von der Persönlichkeit getrennt. Viele Dinge, die wir geneigt sind, dem Schicksal zuzuschreiben, gehören in Wahrheit zur Persönlichkeit. Daher ist es gefährlich, Schlüsse zu ziehen. Aber einiges können wir erkennen, zum Beispiel, dass bestimmte Typen von Leuten bestimmte Typen von Leuten anziehen. Sie haben dieselbe Art Freunde, dieselbe Art Sorgen, dieselbe Art Schwierigkeiten, aber natürlich niemals, ohne dass die Persönlichkeit einen Teil einnähme. Also können Sie es nicht reines Schicksal nennen; es verhält sich mehr wie Ursache und Wirkung.

«Muss man härter arbeiten, um seinen Typ zu ändern, als um seine erworbene Persönlichkeit zu ändern?»

Falls es notwendig ist, aber vielleicht ist der Typ völlig in Ordnung. In den meisten Fällen muss die Persönlichkeit geändert werden; unkontrollierte Persönlichkeit kann nicht in Ordnung sein.

Nur sehr wenige Leute können an der Essenz arbeiten. Auch ist es nicht gerade ein Vorteil für die Leute, die es können, weil es sehr schwer für sie ist. Im allgemeinen arbeiten wir an der Persönlichkeit, und dies ist die einzige Arbeit, die wir tun können, und wenn wir arbeiten, wird es uns irgendwohin führen.

«Wenn wir unser Wesen zu ändern versuchen, ist dann die Essenz genauso betroffen wie die Persönlichkeit?»

Wir müssen an der Persönlichkeit arbeiten, aber die Essenz wird davon betroffen, wenn wir wirklich etwas ändern.

«Sagten Sie, dass die Persönlichkeit nur aus Lügen besteht?»

Nein, ich sagte, die Persönlichkeit sei fast völlig künstlich, gerade so, wie die Essenz fast völlig wirklich ist.

«Sind unsere ‹Ichs› Teil der Persönlichkeit oder der Essenz?»

Beides. Es gibt «Ichs», die zur Essenz gehören, und «Ichs», die zur Persönlichkeit gehören.

«Stehen sie mit verschiedenen Zentren in Verbindung?» fuhr der selbe Fragesteller fort.

Gewiss, es gibt intellektuelle «Ichs», Bewegungs-«Ichs» und instinktive «Ichs».

Ein «Ich» ist nur *ein* Verlangen, *ein* Wunsch. Jedoch dient diese Unterscheidung lediglich der Bequemlichkeit. Sie können sie vergessen, wenn Sie wollen, obwohl sie stimmt. Behalten Sie einfach, dass «Ichs» klein sind und die Persönlichkeit schon kompliziertere Wünsche umfasst.

«Steht das instinktive Zentrum in enger Verbindung mit der Essenz?»

Ja, es beherrscht die Bedürfnisse der Essenz.

«Ist Intelligenz Teil der Essenz?»

Allgemein gesagt, ja. Aber ich würde gerne wissen, was Sie unter Intelligenz verstehen. Wenn ich «ja» sage, können Sie es nicht anwenden; es wird totes Kapital bleiben.

«Kann die Intelligenz durch eine bestimmte Behandlung wachsen oder zunehmen?» erkundigte sich der selbe Fragesteller.

Genau das sagte ich. Wenn wir über uns selbst sprechen, werden wir sehen, dass Intelligenz auf eine sehr vermischte Art zu Essenz und Persönlichkeit gehört; obwohl, auf eine kosmische Art, jeder Essenz ein bestimmter Betrag an Intelligenz mitgegeben ist.

4

Der Mensch untersteht einer grossen Vielzahl von Gesetzen – physische, physiologische, biologische, Gesetze, die der Mensch selbst erzeugte und so weiter, bis wir zu den Gesetzen des persönlichen Lebens und schliesslich zum imaginären «Ich» gelangen. Dies ist das wichtigste Gesetz, das unser Leben lenkt und uns dazu führt, in der nicht existenten siebten Dimension zu leben. Eine grosse Menge an Kräften oder Einflüssen wirkt zu jedem gegebenen Augenblick auf den Menschen, obwohl die Leute hauptsächlich von Einbildung beherrscht werden. Wir bilden uns ein, anders zu sein, als wir sind, und das erzeugt Illusionen. Aber es gibt notwendige Gesetze. Wir sind eingeschränkt durch bestimmte Nahrung und bestimmte Luft, durch eine bestimmte Temperatur und so weiter. Wir sind so konditioniert durch Einflüsse, dass wir sehr wenige Freiheitsmöglichkeiten haben. Wir müssen unsere innere Haltung ändern.

Leute, die ausschliesslich unter A-Einflüssen leben und die B-Einflüsse, wenn sie ihnen begegnen, auf derselben Stufe wie A-Einflüsse empfangen, sterben gewöhnlich in diesem Leben.

Sie können körperlich am Leben sein, aber das heisst nicht, dass ihre Essenz sich entwickeln kann.

«Sehen tote Leute aus wie alle anderen? Leben sie, wie wir leben?»

Sicherlich. Weil sie eine Seele besitzen und die Überbleibsel der Essenz. Sie können sich selbst absichern!

«Sie sprachen vorher darüber, ein permanentes «Ich» zu erzeugen. Was meinen Sie damit?»

Ich meine damit, dass Sie sicher sein können, dass es jedes Mal dasselbe «Ich» ist, wenn Sie «Ich» sagen. Nun sagen Sie, «Ich will dies», und eine halbe Stunde später sagen Sie, «Ich will das». Das «Ich» ist völlig verschieden. Es gibt Eines – *Sie* – und es gibt viele imaginäre «Ichs». *«Sie»* ist das, was wirklich ist, und Sie müssen lernen, es zu unterscheiden. Es kann sehr klein, sehr elementar sein, aber Sie können etwas Eindeutiges und Permanentes und ausreichend Solides in sich finden.

Wenn Sie an alles dächten, was gesagt wurde, würden Sie sich nach Ablauf von zehn Wochen Ihrer selbst erinnern. Nehmen Sie zum Beispiel das Studium der Scheinpersönlichkeit. Das ist eine der schnellsten Methoden. Je mehr Sie die Scheinpersönlichkeit verstehen, desto mehr werden Sie sich Ihrer selbst erinnern. Was das Selbst-Erinnern verhindert, ist vor allem Scheinpersönlichkeit. Scheinpersönlichkeit kann und wünscht sich ihrer selbst nicht zu erinnern, und sie wünscht, daß sich keine andere Persönlichkeit ihrer selbst erinnert. Sie versucht gerade, Selbst-Erinnern zu stoppen; nimmt irgendeine Form von Schlaf und nennt das Selbst-Erinnern. Dann ist sie vollauf glücklich.

Scheinpersönlichkeit ist etwas Besonderes; *Sie* sind ihr entgegengesetzt. Man muss dafür sorgen, dass die Scheinpersönlichkeit verschwindet, oder auf jeden Fall darf sie nicht in diese Arbeit eingehen. Dies gilt für jeden, und jeder muss auf diese Art beginnen. Zu allererst müssen Sie Ihre Scheinpersönlichkeit kennen, und Sie dürfen ihr auf keine Weise vertrauen – ihren Gedanken, ihren Worten, ihren Handlungen. Sie können sie nicht zerstören, aber Sie können sie für eine Weile passiv machen, und dann können Sie sie nach und nach schwächen.

Die Scheinpersönlichkeit existiert nicht wirklich, aber wir bilden uns ein, sie existiere. Sie existiert durch ihre Erscheinungsformen, aber nicht als ein Teil von uns. Versuchen Sie nicht, sie zu definieren, sonst werden Sie sich in Worten verlieren, es geht jedoch darum, sich mit Tatsachen auseinanderzusetzen. Es gibt negative Gefühle, aber gleichzeitig gibt es sie nicht; es gibt kein wirkliches Zentrum für sie. Dies ist eines der Missgeschicke unseres Zustands. *Wir sind voller nicht existierender Dinge.*

(Jemand sagte, er bezweifle manchmal die Echtheit seines Interesses an der Arbeit. Er könne sich selbst belügen. Ouspensky antwortete:)

Nur Sie können das beantworten, und nur, falls Sie nicht die grundlegenden Prinzipien vergessen, indem Sie «Ich» zu etwas sagen, das nur ein «Ich» ist. Sie müssen andere «Ichs» kennenlernen und sich ihrer erinnern. Wenn Sie das vergessen, vergessen Sie alles. So lange, wie Sie sich daran erinnern, können Sie sich an alles erinnern. Dies zu vergessen, ist die grosse Gefahr, und ein leichter Wandel in einer Kleinigkeit reicht aus, um alles zu verfälschen.

Einige Gruppen von «Ichs» sind nützlich, einige sind künstlich und einige sind pathologisch. Alle Leute spielen Rollen; jede Person hat ungefähr fünf oder sechs Rollen, die sie in ihrem Leben spielt. Sie spielt sie unbewusst, oder wenn sie sie bewusst zu spielen versucht, identifiziert sie sich sehr schnell mit ihnen und spielt sie weiterhin unbewusst. Diese Rollen zusammen bilden das imaginäre «Ich».

Scheinpersönlichkeit ist das imaginäre «Ich».

(Jemand fragte, ob höhere Bewusstseinszustände grundlegend schlechtere oder gleichermassen grundlegend bessere Menschen hervorbrächten. Ouspensky antwortete:)

Nein, das ist falsch. Schlechte Leute können nur durch Steigern der Mechanisiertheit hervorgebracht werden. Selbst-Erinnern kann keine falschen Resultate erzeugen, vorausgesetzt, die Verbindung zu anderen Ideen des Systems wird aufrechterhalten, aber wenn man eine Sache aufgibt und etwas anderes aus dem System nimmt – wenn man zum Beispiel ernsthaft am Selbst-Erinnern arbeitet, ohne die Idee der Teilung der «Ichs» zu kennen, so daß man sich von Anfang an als Einen nimmt (als eine Einheit) – dann wird Selbst-Erinnern zu falschen Resultaten führen und kann sogar eine fehlerhafte Kristallisation bewirken und eine Entwicklung unmöglich machen. Es gibt zum Beispiel Schulen oder Systeme, die, obwohl sie es nicht auf diese Art ausdrücken, in der Tat auf falscher Persönlichkeit beruhen und auf dem Kampf *gegen* Gewissen. Solche Arbeit wird bestimmt falsche Ergebnisse hervorbringen. Zuerst wird sie eine Art Stärke hervorbringen, aber sie wird die Entwicklung höheren Bewusstseins zur Unmöglichkeit machen. Entweder zerstört die Scheinpersönlichkeit das Erinnerungsvermögen oder es entstellt es.

Selbst-Erinnern ist etwas, das auf richtiger Funktion beruhen muss. Gleichzeitig müssen Sie an der Schwächung der Scheinpersönlichkeit arbeiten. Verschiedene Linien der Arbeit werden von Anfang an nahegelegt und erläutert und alle müssen zusammenspielen. Sie können nicht bloss eine Sache tun und eine andere nicht. Alle sind notwendig, um diese richtige Kombination zu erzeugen, aber zuerst muss das Verstehen der Scheinpersönlichkeit und der Kampf mit ihr kommen. Nehmen Sie an, man versuchte, sich seiner selbst zu erinnern und wollte keine Anstrengungen gegen die Scheinpersönlichkeit unternehmen, dann würden all ihre Merkmale hervortreten, sie würden sagen, «*Ich* mag diese Leute nicht; *ich* möchte dies nicht, *ich* möchte das nicht» und so weiter. Dann wird es nicht Arbeit sein, sondern genau das Gegenteil. Wenn man auf diese falsche Art zu arbeiten versucht, kann sie einen stärker machen, als man zuvor war, aber je stärker man in diesem Fall wird, desto geringer ist die Möglichkeit der Entwicklung. Vor der Entwicklung fixieren – das ist die Gefahr.

«Ist ein gelangweilter Mensch frei von Identifikation?»

Langeweile ist Identifikation mit sich selbst, mit der falschen Persönlichkeit, mit etwas in einem selbst. Identifikation ist ein beinahe permanenter Zustand für uns. Sie ist die Hauptmanifestation der Scheinpersönlichkeit, und deswegen können wir der falschen Persönlichkeit nicht entkommen. Sie müssen fähig sein, diesen Zustand getrennt von sich selbst zu sehen, gesondert von sich selbst, und dies können Sie nur, wenn Sie versuchen, bewusster zu werden, versuchen, sich Ihrer selbst zu erinnern, versuchen, Ihrer selbst gewahr zu sein. Nur wenn Sie Ihrer selbst mehr gewahr werden, sind Sie in der Lage, mit Erscheinungsformen wie Identifikation und Lügen zu kämpfen und mit der Scheinpersönlichkeit selbst. Alle Arbeit muss an der Scheinpersönlichkeit sein. Wenn Sie irgendeine andere Arbeit tun und diese auslassen, ist es nutzlose Arbeit, und Sie werden sehr schnell versagen. Wie bei negativen Gefühlen, Lügen und allen Einbildungen, kann die Scheinpersönlichkeit nicht ohne Identifikation existieren. Sie müssen verstehen, dass die falsche Persönlichkeit eine Kombination aller Lügen, Merkmale und «Ichs» ist, die niemals in irgendeinem Sinn oder auf irgendeine Art nützlich sein können, weder im Leben noch in der Arbeit – wie negative Gefühle.

«Beruht Scheinpersönlichkeit vollständig auf negativen Gefühlen?»

In der Scheinpersönlichkeit gibt es viele Dinge nebst negativen Gefühlen. Zum Beispiel gibt es in der Scheinpersönlichkeit immer schlechte geistige Gewohnheiten – falsches Denken. Scheinpersönlichkeit, oder Teile der falschen Persönlichkeit, beruhen immer auf falschem Denken. Gleichzeitig würde die Scheinpersönlichkeit zusammenbrechen, wenn Sie ihr die negativen Gefühle wegnähmen; sie könnte nicht ohne sie existieren.

«Also entspringen alle negativen Gefühle der Scheinpersönlichkeit?» fragte jemand anderes.

Ja, gewiss. Wie könnte es anders sein? Die Scheinpersönlichkeit ist sozusagen ein besonderes Organ für negative Gefühle, für die Entfaltung negativer Gefühle, für das Geniessen negativer Gefühle, für das Hervorbringen negativer Gefühle. Sie erinnern sich, dass ich sagte, es gäbe kein wirkliches Zentrum für negative Gefühle. Die Scheinpersönlichkeit wirkt als Zentrum für negative Gefühle.

«Wie kann man mit der Eitelkeit der Scheinpersönlichkeit umgehen?»

Sie müssen erst alle ihre Merkmale kennen und dann müssen Sie richtig denken. Wenn Sie richtig denken, werden Sie Wege finden, um mit ihr umzugehen. Sie dürfen sie nicht rechtfertigen; sie lebt von der Rechtfertigung, gar der Verherrlichung aller ihrer Merkmale. In beinahe jedem Augenblick unseres Lebens, sogar in ruhigen Momenten, rechtfertigen wir sie immer, betrachten sie als legitim und finden alle möglichen Entschuldigungen für sie. Dies ist mit falschem Denken gemeint. Also müssen Sie als erstes die Scheinpersönlichkeit kennen, und dann müssen Sie richtig darüber denken. Sie müssen wissen, was sie ist – sie sozusagen plazieren – das ist der erste Schritt. Und, wie ich sagte, müssen Sie erkennen, dass *alle* Identifikation, *alles* Abwägen, *alles* Lügen, *alles* sich selbst Belügen, *alle* Schwächen, *alle* Widersprüche, offen und versteckt, dass *sie alle* falsche Persönlichkeit sind. Weiterhin gehören alle Formen von Eigenwillen zur Scheinpersönlichkeit, also müssen Sie sie früher oder später opfern.

«Sagten Sie, *all* unsere Vorlieben und Abneigungen seien in der falschen Persönlichkeit?»

Die meisten von ihnen. Und sogar die, die ursprünglich nicht zu ihr gehörten, die wirkliche Wurzeln haben, alle gehen durch die falsche Persönlichkeit.

(Jemand fragte, ob man die gesamte Scheinpersönlichkeit kennen müsse, um gegen sie zu kämpfen, weil es ihm schien, als könne man nur kleine Stücke von ihr kennen. Ouspensky antwortete:)

Man muss sie kennen. Sie ist wie eine bestimmte Hunderasse. Wenn Sie sie nicht kennen, können Sie nicht über sie reden. Wenn Sie sie gesehen haben, können Sie über sie sprechen. Nur Stücke zu sehen, wie Sie sagten, ist vollauf genug. Jeder kleine Teil von ihr hat dieselbe Farbe. Wenn Sie diesen Hund einmal sehen, werden Sie ihn immer kennen. Er bellt auf eine besondere Art; er läuft auf eine besondere Art.

(Jemand fragte, ob der «Hauptzug» (d. h. das Hauptmerkmal

der Scheinpersönlichkeit) Nahrung für die Scheinpersönlichkeit wäre. Ouspensky sagte:)

Der Hauptzug ist keine Nahrung. Der Hauptzug *ist* Scheinpersönlichkeit. Scheinpersönlichkeit beruht in den meisten Fällen auf einem Merkmal, das an allem teilhat. Eines Tages werden wir einige Beispiele von Hauptzügen nehmen und Sie werden sehen, wie es in der Tat das ist, was die Scheinpersönlichkeit ausmacht.

«Was ist die beste Art, nach seinem Hauptzug zu suchen?» fragte jemand.

Sehen Sie einfach selbst. Ich weiss nicht, wie ich es besser erklären soll. Es ist möglich, dass man etwas findet – den Hauptzug des Augenblicks. Er ist eingebildete Persönlichkeit; das ist der Hauptzug für jeden.

«Kann man seinen Hauptzug ändern?» fragte jemand anderes.

Zuerst muss man ihn kennen. Wenn Sie ihn kennen, wird viel von der Qualität Ihres Wissens abhängen. Wenn Sie ihn gut kennen, dann ist es möglich, ihn zu ändern.

«Wenn eine Haltung hinter einem negativen Gefühl sehr alt und eingefleischt ist, möglicherweise ein Merkmal, wie kann ich es angreifen?»

Beginnen Sie mit dem Merkmal. Finden Sie das Merkmal, sprechen Sie darüber und so weiter.

Es ist notwendig, über die Scheinpersönlichkeit *nachzudenken,* und in manchen Fällen können Sie entschieden eine Art von Hauptzug sehen, der in alles eingeht, wie die Achse, um die sich alles dreht. Man kann ihn zeigen, aber die betreffende Person wird sagen, «Absurd, alles, aber nicht das!» Oder manchmal ist es so offensichtlich, dass er nicht verleugnet werden kann, aber mit der Hilfe von Puffern kann man ihn wieder vergessen. Ich habe Leute gekannt, die ihrem Hauptzug mehrmals einen Namen gaben und ihn eine Zeit lang im Gedächtnis behielten. Dann traf ich sie wieder und sie hatten vergessen, oder wenn sie sich erinnerten, hatten sie ein Gesicht, und wenn sie vergessen hatten, hatten sie ein anderes Gesicht und begannen zu reden, als hätten sie nie darüber gesprochen. Sie müssen selbst näher daran kommen. Wenn Sie ihn selbst fühlen, dann werden Sie wissen; wenn man es Ihnen lediglich sagt, können Sie immer vergessen.

«Kann ich einen Anhaltspunkt für die Scheinpersönlichkeit bekommen, wenn ich an Ereignisse der Vergangenheit denke?»

Manchmal können Sie das. Entweder in der Vergangenheit oder in Ihren Freunden. Aber Sie müssen verstehen, dass Sie ebenfalls eine Scheinpersönlichkeit haben, nicht nur Ihre Freunde!

«Können wir die Scheinpersönlichkeit ohne Hilfe sehen?»

Theoretisch spricht nichts dagegen, nur sah ich noch nie so einen Fall und kein anderer, den ich kenne, sah so einen Fall. Sogar wenn man ihnen hilft, sind die Leute gewöhnlich nicht darauf vorbereitet, sie zu sehen. Es ist, als sollten Sie einem Menschen sein Abbild in einem wirklichen, tatsächlichen Spiegel zeigen, und er würde sagen, «Das bin nicht ich. Das ist ein künstlicher Spiegel, kein wirklicher Spiegel. Das ist kein Spiegelbild von mir.» Aber wenn ein Mensch vorbereitet ist, ist es manchmal möglich, ein Merkmal oder eine Schwäche in sich selbst zu erkennen. Wenn ein Mensch dies Merkmal kennt, wenn er beginnt, es im Gedächtnis zu behalten und daran zu denken, dann mag ein bestimmter Augenblick kommen, in dem er von diesem Merkmal frei ist, in dem sein Handeln nicht durch seine Schwäche bestimmt ist.

Manchmal nehmen unsere Merkmale oder Schwächen einfache Formen wie Faulheit an, aber in anderen Fällen sind ihre Formen so gut verkleidet, dass es keine gewöhnlichen Worte gibt, um sie zu beschreiben, und sie können nur durch eine Art Diagramm oder Zeichnung beschrieben werden.

Für manche Leute bestehen drei Viertel ihres Lebens oder mehr aus Faulheit. Manchmal ist Faulheit sehr wichtig, manchmal ist sie der Hauptzug der Scheinpersönlichkeit. Sehr oft ist sie der Hauptzug, und der ganze Rest hängt von der Faulheit ab und dient der Faulheit. Aber denken Sie daran, dass es verschiedene Arten von Faulheit gibt. Man muss sie durch Selbstbeobachtung und durch Beobachten anderer Leute herausfinden. Zum Beispiel gibt es sehr geschäftige Leute, die immer etwas tun und dennoch kann ihr *Geist* faul sein. Das geschieht häufiger als alles andere. Faulheit ist nicht nur der Wunsch, zu sitzen und nichts zu tun.

(Bei einem seiner Treffen fragte jemand Ouspensky, ob man irgendetwas alleine tun könne, oder ob es mit Hilfe anderer geschehen müsse. Ouspensky sagte, dass Leute sofort zu argumentieren begännen, wenn er ihnen sage, was zu tun sei, und nicht nur zu argumentieren, sondern sie würden negativ. Er sagte, das sei in Wahrheit der Grund, warum nicht geholfen werden könne, und warum es notwendig sei, Regeln und genaue Anforderungen zu erstellen. Wenn es lediglich notwendig wäre, Leuten nur zu zeigen, was zu tun ist, dann wäre das einfach, aber es sei nicht immer einfach, den Hauptzug der Scheinpersönlichkeit zu erklären). Manchmal ist er deutlich sichtbar, dann wieder ist er verborgener und schwieriger zu sehen, und zu wieder anderen Zeiten ist es nur möglich in einer allgemeinen Art über Scheinpersönlichkeit nachzudenken. Aber es gab nicht einen einzigen Fall, in dem die Leute nicht heftig zu argumentieren begannen, wenn ich den Hauptzug zeigte.

(Bei einem anderen Treffen sagte jemand, dass es ihm gelegentlich gelinge, sich beim Akt des Abwägens oder sich Identifizierens zu beobachten. Er fragte, ob er auf diese Art seine Scheinpersönlichkeit kennenlernen und sie durch Beobachten schwächen könne. Ouspensky antwortete, dies sei der einzige Weg und sehr gut, solange man es zu versuchen nicht müde würde). Zu Beginn fangen viele Leute sehr eifrig an, werden aber schnell müde und beginnen das Wort «Ich» unterschiedslos zu verwenden, ohne sich zu fragen, welches «Ich», welcher Teil von «Ich». Unser Hauptfeind ist das Wort «Ich», weil wir kein Recht haben, es tatsächlich in gewöhnlichen Situationen zu gebrauchen. Viel später, nach langer Arbeit, können wir an eine der Gruppen von «Ichs» zu denken beginnen (wie jene, die wir Stellvertretender Haushälter genannt haben), die sich aus dem Magnetischen Zentrum als «Ich» entwickeln. Aber wenn Sie sich unter gewöhnlichen Bedingungen «*Ich* mag nicht» sagen hören, dann müssen Sie sich fragen, welches Ihrer «Ichs» nicht mag. Auf diese Art werden Sie sich an die Vielheit erinnern, die in uns allen ist. Wenn Sie es einmal vergessen, wird es leichter sein, es auch das nächste Mal zu vergessen. Es gibt viele gute Anfänge in der Arbeit, und dann wird dies vergessen, und die Leute beginnen abzugleiten, und alles, was am Ende eintritt, ist, dass sie mechanischer als zuvor werden.

«Können wir unsere Merkmale nicht durch Beobachten entdecken?»

Es ist sehr unwahrscheinlich. Wir sind zu stark in ihnen; wir haben nicht genug Perspektive, so dass wirkliche Arbeit, ernsthafte Arbeit nur vom Merkmal ausgehen kann. Ich meine nicht, dass das für jedes Individuum absolut notwendig ist, denn es gibt Fälle, in denen die Merkmale nicht bestimmt werden können. Die Bestimmung müsste so kompliziert sein, dass sie keinen praktischen Wert hätte. In so einem Fall reicht es aus, die allgemeine Teilung in «Ich» und »Ouspensky» zu nehmen. Nur ist es notwendig, zu einem *richtigen* Verständnis dessen zu gelangen, was «Ich» ist und was «Ouspensky» ist, das heisst, was Sie sind und was Lüge ist. Es reicht zum Beispiel nicht, die Möglichkeit dieser Teilung einzuräumen und dann zu sagen, das, was Sie mögen, sei «Ich» und was Sie ablehnen, sei nicht «Ich». Es ist lange Arbeit, und die richtige Teilung kann nicht sofort gefunden werden, aber es muss einige Hinweise geben, die Sie für den Beginn des Weges finden können. Nehmen Sie zum Beispiel an, Sie formulieren Ihr Ziel in Verbindung mit dieser Arbeit, indem Sie sagen, «Ich möchte frei sein». Das ist eine sehr gute Bestimmung, aber was kommt danach? Zuerst müssen Sie verstehen, dass Sie nicht frei sind. Wenn Sie verstehen, in welchem Ausmass Sie nicht frei sind, und wenn Sie Ihr Verlangen, frei zu sein, formulieren, dann werden Sie in sich selbst sehen, welcher Teil von Ihnen frei sein möchte und welcher Teil nicht.

(Jemand fragte, ob die Tatsache, ein Merkmal zu sehen, in sich selbst ausreiche, um es zu vermindern, und auch, was man an seine Stelle setzen könne. Ouspensky sagte, Sehen würde es nicht vermindern, es sei notwendig, dagegen anzukämpfen. Er fuhr fort:) Erst sollte man versuchen, es durch direkten Kampf zu prüfen. Nehmen Sie an, man merkt, dass man zu viel argumentiert, dann darf man nicht argumentieren, das ist alles. Warum etwas an seine Stelle setzen? Es ist nicht notwendig, irgendetwas an seine Stelle zu setzen ausser Schweigen.

(Jemand sprach über eine nutzlose Persönlichkeit, die sie genoss, obwohl sie wusste, dass sie nutzlos war. Ouspensky sagte:) In solch einem Fall können Sie mit dieser Persönlichkeit kämpfen, indem Sie andere Persönlichkeiten stärken, die ihr entgegenstehen. Nehmen Sie an, Sie haben ein bestimmtes endgültiges Merkmal, mit dem Sie kämpfen möchten, und Sie versuchen ein anderes, mit ihm unvereinbares Merkmal zu finden, das nützlich sein könnte. Wenn Sie in Ihrem gegenwärtigen Bestand nichts ausreichend Starkes finden, dem Sie es entgegenstellen können, so schauen Sie in Ihr Gedächtnis. Nehmen Sie an, Sie finden ein Merkmal, das unvereinbar ist mit dem, das Sie loswerden wollen und das nützlich sein kann, dann ersetzen Sie einfach das eine durch das andere. Aber es mag vorkommen, dass sie sogar dann beide glücklich zusammen leben. Das eine mag am Abend anwesend sein, das andere am Morgen, und sie begegnen sich vielleicht nie.

Es gibt nur eine wirkliche Gefahr. Wenn man für eine lange Zeit ohne ausreichende Anstrengungen weitermacht oder ohne etwas ernsthaft zu tun, dann teilt man sich, anstatt eins zu werden, in zwei, so dass alle Merkmale und Persönlichkeiten in zwei Gruppen geteilt werden – von denen ein Teil der Arbeit nützt, die persönliche Arbeit fördert sowie einen anderen entweder gleichgültigen oder sogar feindlichen Teil. Das ist eine wirkliche Gefahr, denn wenn zwei Teile beginnen, sich derart zu bilden, verdirbt die Gleichgültigkeit des einen das Ergebnis der Arbeit des anderen. Demnach muss man sehr schnell und sehr stark dagegen ankämpfen, sonst kann es zu doppelter Kristallisation kommen.

«Was verstehen Sie unter Kristallisieren?»

Wir benutzen das Wort in einem besonderen Sinn. Jedes

Merkmal kann kristallisiert werden, genau so wie Puffer kristallisieren. Dieser Begriff kam aus der theosophischen Terminologie; er ist manchmal nützlich. Ich denke, jeder hier hat von höheren Körpern gehört, dem astralen, mentalen und kausalen. Die Idee ist, dass der Mensch nur *einen physischen* Körper hat und die Entwicklung in der Entwicklung *höherer* Körper besteht. So entspricht Mensch Nr. 5 der Kristallisation des astralen Körpers, Mensch Nr. 6 der Kristallisation des mentalen Körpers und Mensch Nr. 7 der Kristallisation des kausalen Körpers.

Aber, da wir von der Kristallisation von Merkmalen sprechen, eine Person kann sehr gute und sehr schöne Merkmale haben und doch hinter diesen ein kleines Merkmal der Scheinpersönlichkeit aufweisen, das die Arbeit für sie sehr erschwert, vielleicht mehr erschwert als für jemand anderen, der solch brilliante Merkmale nicht aufweist.

Scheinpersönlichkeit kann vorgeben, an der Arbeit interessiert zu sein, kann Dinge für sich beanspruchen und negatives und mechanisches Agieren Selbst-Erinnern oder etwas Ähnliches nennen. Aber sie kann keine nützliche Arbeit tun; sie kann lediglich die Bemühungen der Persönlichkeiten verderben, die Arbeit leisten und Ergebnisse erzielen können.

Im Licht der Scheinpersönlichkeit ist dies System ein völlig anderes; es wird zu etwas, das die Scheinpersönlichkeit stärkt und das wahre System für Sie schwächt. In dem Augenblick, in dem die Scheinpersönlichkeit das System für sich übernimmt, fügt sie ein Wort hier und dort ein anderes Wort hinzu. Sie können sich nicht vorstellen, wie seltsam einige dieser Ideen klingen, wenn sie mir wieder vorgetragen werden. Ein aus einer Formulierung weggelassenes Wort ergibt einen völlig anderen Gedanken; und die Scheinpersönlichkeit ist vollauf entschuldigt und kann tun, was sie wünscht und so weiter.

«Wächst unsere Fähigkeit zur Arbeit genau in dem Mass, wie wir in der Lage sind, die Scheinpersönlichkeit zu schwächen?»

Alles, was man erreichen kann, kann man nur auf Kosten der Scheinpersönlichkeit erlangen. Später, wenn sie nicht gegenwärtig ist, kann man vieles auf Kosten anderer Dinge erwerben, aber für eine lange Zeit muss man sozusagen von der Scheinpersönlichkeit leben.

«Ist Scheinpersönlichkeit die grosse Schranke, die uns vom Bewusstsein trennt?»

Zu allererst, ja. Aber daneben viele mechanische Gewohnheiten. Manchmal sogar mechanische Gewohnheiten in anderen Zentren.

«Wenn man die falsche Persönlichkeit beseitigen könnte ...» begann jemand.

Sie können nichts entfernen; es ist genau so, als versuchten Sie, sich Ihren Kopf abzuschneiden. Aber Sie können die Scheinpersönlichkeit weniger nachdrücklich und beständig machen. Wenn Sie in einem bestimmten Augenblick die Gefahr der Manifestation der Scheinpersönlichkeit fühlen und Sie einen Weg finden können, um sie zu stoppen – hiermit müssen Sie beginnen. Die Frage des Beseitigens taucht hier überhaupt nicht auf; sie steht mit völlig anderen Dingen in Zusammenhang. Sie müssen lernen, die Erscheinungsformen zu beherrschen. Aber wenn man *denkt,* man könne etwas tun, und sich gleichzeitig weigert, am Erwerb dieser Kontrolle zu *arbeiten,* dann entwikkeln sich die Dinge schlecht. Man kann voller Enthusiasmus darüber sein, was man tun soll, bis man weiss, was man zu tun hat. Wenn man es weiss, wird man sehr negativ und versucht, es zu vermeiden oder auf eine andere Art zu erklären. Das müssen Sie verstehen – dass die *Scheinpersönlichkeit sich selbst verteidigt.* Sie müssen auch verstehen, dass Sie, wie Sie sind, auf Ihrer gegenwärtigen Stufe nicht einmal anfangen können zu arbeiten. Zuerst müssen Sie das eine oder andere ändern. Aber Sie können nur aufgrund Ihrer eigenen Beobachtungen herausfinden, was Sie zu ändern haben, und dies ist für verschiedene Leute verschieden.

Gelegentlich wird es recht klar, was geändert werden muss, und dann beginnt der Kampf, weil die *Scheinpersönlichkeit sich zur Wehr setzt.* Tun Sie immer etwas, das die falsche Persönlichkeit nicht mag, um mit ihr zu kämpfen, und Sie werden sehr bald herausfinden, was sie nicht mag. Wenn Sie fortfahren, wird sie ärgerlicher und ärgerlicher werden und sich deutlicher und deutlicher zeigen, so dass sie bald ausser Frage stehen wird. Aber wenn Sie nichts tun, um der falschen Persönlichkeit Einhalt zu gebieten, wächst sie. Sie kann nicht von selbst abnehmen. Vorlieben können sich ändern und so weiter, aber sie wächst. Nur diese Entwicklung findet im mechanischen Leben statt – sonst keine.

5

Lassen Sie uns über die Beziehung der Scheinpersönlichkeit zu anderen Teilen des Menschen sprechen. In jedem Menschen schreitet die Entwicklung in jedem Augenblick gemäss dessen fort, was man eine statische Triade nennen könnte. Diese Triade wird eine statische Triade genannt, weil Körper, Seele und Essenz immer an derselben Stelle bleiben und als die neutralisierende Kraft wirken, während die anderen Kräfte sich nur sehr langsam ändern. Die gesamte Triade bleibt die ganze Zeit über mehr oder weniger am selben Platz.

Das erste Dreieck zeigt den Zustand des Menschen im gewöhnlichen Leben; das zweite zeigt seinen Zustand, wenn er sich zu entwickeln beginnt. Zwischen dem Zustand des ersten und dem Zustand des zweiten Dreiecks liegen lange Zeiträume, und noch längere zwischen ihnen und dem dritten Dreieck. Tatsächlich gibt es viele Zwischenstadien, aber diese drei reichen aus, um den Weg der Entwicklung in bezug auf die falsche Persönlichkeit zu zeigen.

Man muss bedenken, dass keiner dieser Zustände permanent ist. Jeder Zustand mag ungefähr eine halbe Stunde dauern, und dann mag ein anderer Zustand kommen, dann wieder ein anderer Zustand. Das Diagramm zeigt lediglich, *wie* die Entwicklung verläuft. Es wäre möglich, das Diagramm über das permanente «Ich» hinauszuführen, weil das permanente «Ich» viele Formen hat.

Die Triade wird durch den Körper, die Seele und die Essenz

am Apex gebildet. Am zweiten Punkt liegt «Ich»; das heisst, die vielen «Ichs», die die Person ausmachen, das bedeutet, alle Gefühle und Empfindungen, die nicht Teil der Scheinpersönlichkeit sind.

Der dritte Punkt des Dreiecks wird von der Scheinpersönlichkeit eingenommen (das heisst, das eingebildete Bild seiner selbst).

Im gewöhnlichen Menschen nennt sich die Scheinpersönlichkeit «Ich», aber nach einiger Zeit beginnt in einem Menschen, falls er zur Entwicklung fähig ist, das magnetische Zentrum zu wachsen. Er mag es als «besondere Interessen», «Ideale», «Ideen» oder etwas ähnliches bezeichnen. Aber wenn er dies magnetische Zentrum in sich zu fühlen beginnt, entdeckt er einen gesonderten Teil in sich, und von diesem Teil geht sein Wachsen aus. Dieses Wachsen kann nur auf Kosten der Scheinpersönlichkeit stattfinden, denn die Scheinpersönlichkeit kann nicht zur selben Zeit auftreten wie das magnetische Zentrum.

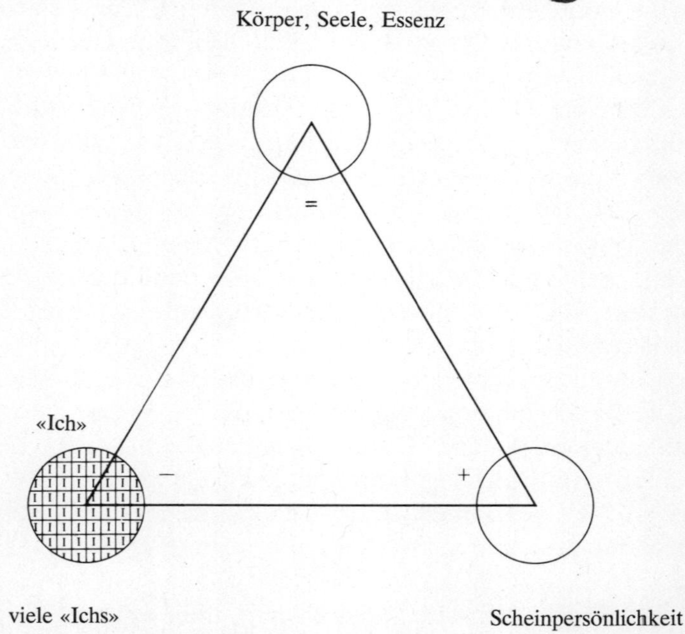

Körper, Seele, Essenz

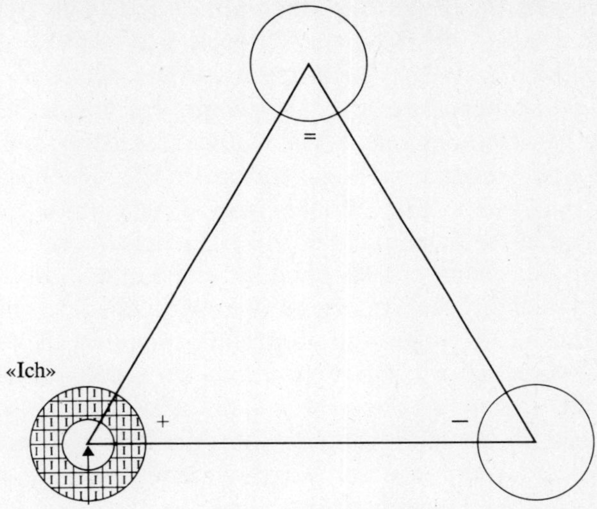

magnetisches Zentrum Körper, Seele, Essenz Scheinpersönlichkeit

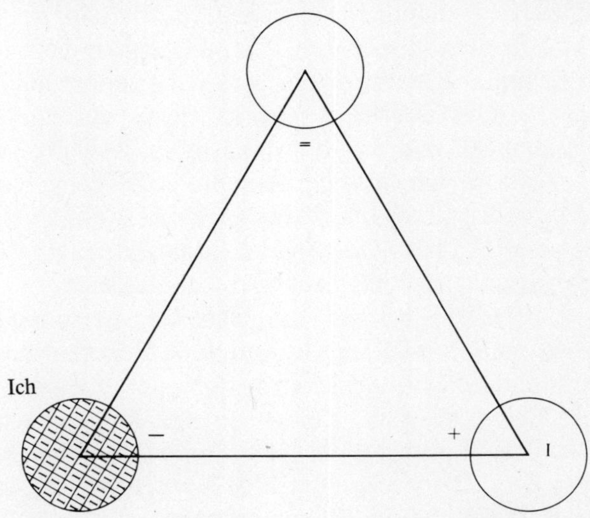

permanentes «Ich» viele «Ichs»

Wenn das magnetische Zentrum in einem Menschen gebildet ist, kann er einer Schule begegnen, und wenn er zu arbeiten beginnt, muss er gegen die Scheinpersönlichkeit arbeiten. Das heisst nicht, dass die Scheinpersönlichkeit verschwindet; es bedeutet lediglich, dass sie nicht immer anwesend ist. Zu Anfang ist sie fast immer anwesend, aber wenn das magnetische Zentrum zu wachsen beginnt, verschwindet sie, manchmal für eine halbe Stunde, manchmal sogar für einen Tag. Dann kommt sie zurück und bleibt eine Woche lang! Daher muss all unsere Arbeit gegen die Scheinpersönlichkeit gerichtet sein.

Wenn die Scheinpersönlichkeit für eine kurze Zeit verschwindet, wird «Ich» stärker, nur ist es nicht wirklich «Ich», es umfasst viele «Ichs». Je länger die Zeiträume dauern, in denen die falsche Persönlichkeit verschwindet, desto stärker wird das aus vielen «Ichs» zusammengesetzte «Ich». Das magnetische Zentrum kann in den Stellvertretenden Haushälter umgewandelt werden, und wenn der Stellvertretende Haushälter Kontrolle über die falsche Persönlichkeit erlangt, dann bringt er wirklich alle unnötigen Dinge auf die Seite der Scheinpersönlichkeit hinüber, und nur die nützlichen Dinge bleiben auf der Seite des «Ich». In einem noch späteren Zustand mag es dann sein, dass das permanente «Ich» mit allem, was dazu gehört, auf die Seite des «Ich» tritt. Dann werden viele «Ichs» auf der Seite der Scheinpersönlichkeit sein, aber wir können jetzt noch nicht viel darüber sagen. Es wird das permanente «Ich» geben, mit allem, was dazu gehört, aber wir wissen nicht, was dazu gehört. Das permanente «Ich» hat völlig andere Funktionen, ein ganz anderer Gesichtspunkt als alles, was wir gewohnt sind.

Die statische Triade zeigt, dass entweder persönliche Arbeit oder Degeneration in Beziehung auf verschiedene Manifestationen der falschen Persönlichkeit vor sich geht, aber dass Körper, Seele und Essenz die ganze Zeit gleich bleiben. Nach einiger Zeit werden auch sie berührt, aber sie gehen nicht in die Anfangszustände ein. Der Körper wird derselbe Körper bleiben, die Essenz wird sich später wandeln, aber sie geht nicht in den Beginn der Arbeit ein. Gemäss diesem System tritt die Essenz nur insoweit in Erscheinung, als sie mit der Persönlichkeit vermischt ist. Wir behandeln sie nicht getrennt, weil wir, wie bereits erläutert, keine Mittel haben, um getrennt von der Persönlichkeit an der Essenz zu arbeiten.

«Was bewirkt», fragte jemand, «dass das wahre ‹Ich› sich zu entwickeln und die Scheinpersönlichkeit zu schwinden beginnt?»

Erst einmal ist es eine Frage der Zeit. Sagen wir, die Scheinpersönlichkeit ist im gewöhnlichen Leben während dreiundzwanzig von jeweils vierundzwanzig Stunden da, so wird sie nur noch zweiundzwanzig Stunden da sein, wenn die Arbeit beginnt, und das magnetische Zentrum wird eine Stunde länger als üblich anwesend sein. Mit der Zeit wird dann die gesamte Scheinpersönlichkeit abnehmen und weniger wichtig werden. (Dies ist im zweiten Zustand des Diagramms gezeigt, in dem die Scheinpersönlichkeit passiv und die vielen «Ichs» um das magnetische Zentrum herum aktiv geworden sind.) Sie können die Scheinpersönlichkeit nicht im Sinne von Grösse, wohl aber im Sinne von Zeit verringern.

Jemand anderes sagte, «Ich hatte bis jetzt den Eindruck, die falsche Persönlichkeit sei die Ansammlung all der vielen ‹Ichs›. Dieses Diagramm hat mir die Dinge ein wenig unverständlich gemacht.»

Unter diesen vielen «Ichs» gibt es viele passive «Ichs», die der Anfang einer anderen Persönlichkeit sein können. Die Scheinpersönlichkeit kann sich nicht entwickeln; sie ist völlig falsch. Deswegen sagte ich, dass alle Arbeit gegen die falsche Persönlichkeit gerichtet sein muss. Wenn man keinen Erfolg hat, liegt das daran, dass man der falschen Persönlichkeit nicht genug Aufmerksamkeit geschenkt hat, sie nicht studiert, nicht gegen sie gearbeitet hat. Die falsche Persönlichkeit besteht aus vielen «Ichs», und sie sind alle imaginär.

«Ich verstehe nicht, was Sie mit passiven ‹Ichs› meinen.»

«Ichs», die von einem anderen, aktiven «Ich» beherrscht werden. Zum Beispiel werden gute Vorsätze von der Faulheit beherrscht. Faulheit ist aktiv, gute Vorsätze sind passiv. Das «Ich» oder die herrschende Verbindung von «Ichs» ist aktiv. Die

«Ichs», die beherrscht oder geführt werden, sind passiv. Verstehen Sie es ganz simpel.

Dieses Diagramm stellt einen Zustand dar, dann einen leicht verschiedenen Zustand und noch einen anderen Zustand. Mit Hilfe dieses Diagramms können Sie drei verschiedene Zustände des Menschen sehen, angefangen mit dem elementarsten. Im elementarsten Zustand ist die Scheinpersönlichkeit aktiv, und «Ich» ist passiv. Körper, Seele und Essenz bleiben immer neutralisierend. Wenn nach vielen Zuständen das permanente «Ich» kommt, dann wird «Ich» aktiv, viele «Ichs» werden passiv, und die Scheinpersönlichkeit verschwindet. Viele verschiedene Diagramme können zwischen diesen beiden Extremen gezeichnet werden, und noch darüber hinaus gibt es verschiedene Möglichkeiten.

(Ouspensky wurde gefragt, ob es einen Ort in der statischen Triade gäbe, an dem eine Gruppe von mit dem magnetischen Zentrum nicht verbundenen «Ichs» aktiv und die Scheinpersönlichkeit passiv sei. Er antwortete, dass er, als er sagte, gewisse Gruppen von «Ichs» oder Persönlichkeiten würden aktiv, jene meinte, die um das magnetische Zentrum zentriert sind.) Zuerst stehen das magnetische Zentrum und dann jene «Ichs», die sich um das magnetische Zentrum gruppieren, der Scheinpersönlichkeit entgegen. In einem bestimmten Augenblick wird dann das magnetische Zentrum aktiv und die Scheinpersönlichkeit passiv. Das magnetische Zentrum ist eine Verbindung von gewissen Gruppen von Interessen. Das magnetische Zentrum führt Sie nicht, denn Führen würde Fortschreiten bedeuten, und Sie bleiben am selben Ort. Aber wenn die Dinge eintreten, dann werden Sie mit Hilfe des magnetischen Zentrums fähig sein, zu sehen, was was ist, oder ob Sie an einer Sache interessiert sind oder nicht. Sie können eine Wahl treffen. Bevor man zur Arbeit kommt, hat das magnetische Zentrum einen bestimmten Punkt erreicht, der es in eine bestimmte Gruppe von Interessen verwandelt. Wenn man zur Arbeit kommt, findet es Interesse an der Schularbeit und verschwindet dann als magnetisches Zentrum, denn das magnetische Zentrum ist eine schwache Angelegenheit.

Dieses Diagramm soll dazu dienen, die Anfangsstadien der Arbeit zu beschreiben, und daher habe ich sehr wenige der Verbindungen hineingelegt, die gezeigt werden könnten. Zum Beispiel haben wir im ersten Dreieck eine Triade, die aus Körper, Seele und Essenz (=), Scheinpersönlichkeit (+) und «Ichs» (−) zusammengesetzt ist. Wenn man nun annimmt, dass diese «Ichs» bereits in bestimmte Gruppen unterteilt sind, dann ist eine dieser Gruppen das magnetische Zentrum. Dann gibt es andere Gruppen, dem magnetischen Zentrum vielleicht nicht angeschlossen, aber ihm dennoch nicht feindlich, die existieren und sich mit der Zeit zu etwas Besserem entwickeln können. Die Gruppen von «Ichs», die immer feindlich und immer schädlich sind, sind die Scheinpersönlichkeit selbst.

(Jemand fragte, ob der Wandel von einer Form der Triade zu einer anderen von einer Wesensänderung abhänge.)

Ja, jede kleine Änderung ist eine Wesensänderung, obschon dieser Ausdruck im allgemeinen auf grössere, ernstere Änderungen angewandt wird. Wenn wir von Wesensänderung reden, sprechen wir zum Beispiel vom Wandel der Menschen Nr. 1, 2 und 3 zu Mensch Nr. 4. Dies ist Wesensänderung, aber natürlich besteht dieser grosse Sprung aus vielen kleinen Sprüngen. Die statische Triade stellt Sie dar. Sie zeigt den *Zustand* Ihres Wesens, was Sie in einem gegebenen Augenblick sind. Einer dieser Punkte, Körper und Essenz, bleibt immer derselbe, aber die Beziehung der anderen zwei Punkte ändert sich. Wenn Körper und Essenz normal sind, sind sie unparteiisch und ergreifen nicht die eine oder die andere Partei, aber wenn etwas mit ihnen nicht stimmt, stehen sie auf der Seite der Scheinpersönlichkeit.

6

Wenn Sie in einem Zustand des Zweifels sind, denken Sie daran, es zu versuchen, und bringen Sie andere «Ichs» auf, die eine gewisse Wertschätzung haben. Dies ist die einzige Art, Zweifel zu bezwingen. Um sich zu entwickeln, müssen Sie eine bestimmte Fähigkeit zur Wertschätzung haben. Der einzig praktische Zugang besteht darin, an Ihre verschiedenen Seiten zu denken und dabei die Seiten, die arbeiten können, und jene, die das nicht können, zu entdecken. Einige Leute haben wirkliche Werte, einige haben falsche Werte, und einige haben überhaupt keine Werte. Mit den verschiedenen «Ichs» ist es dasselbe; einige schätzen wahre Dinge, andere Falsches, und andere schätzen nichts.

Man kann sein Leben damit verbringen, Systeme und Systembegriffe zu studieren und niemals zu wahren Dingen zu gelangen. Dreiviertel oder Neunzehntel unseres gewöhnlichen Wissens existiert nicht wirklich; es besteht nur in der Einbildung.

Erkennen des Schlafs ist das einzig Wahre. Man muss Wege entdecken, wie man erwachen kann, aber zuvor muss man erkennen, dass man schläft. Vergleichen Sie Schlaf und Wachen. Alle Ideen der Arbeit beginnen mit der Idee des Schlafs und der Möglichkeit des Erwachens. Alle anderen Ideen – Ideen aus dem Leben – mögen geistreich oder durchdacht sein, aber sie alle sind Ideen von schlafenden Menschen, hervorgebracht für andere schlafende Menschen. Schlaf ist das Ergebnis vieler Dinge: Teilung der Persönlichkeiten, verschiedene «Ichs», Widersprüche und so weiter. Aber das erste und wichtigste von allem, ganz rein ohne irgendwelche Theorie, ist das *Erkennen des Schlafs.*

Eigenwille

Eine Zusammenstellung von Äusserungen Ouspenskys, hauptsächlich über die Notwendigkeit einer Unterwerfung des Eigenwillens als Vorbereitung für das Wachsen des Willens

Vorwort

Der folgende Text wurde aus Antworten auf Fragen anlässlich der Treffen zusammengestellt, die P.D. Ouspensky in London und New York zwischen 1935 und 1944 hielt.

Obschon das Material nicht chronologisch angeordnet ist, wurde sorgfältig darauf geachtet, den Sinn keiner der Antworten Ouspenskys etwa dadurch zu verfälschen, dass sie neben andere Antworten gestellt wurden, die zu einer anderen Gedankenkette gehören. Es wurde ebenfalls darauf geachtet, die Absicht der Antworten nicht durch übertriebenes Kürzen des Kontexts, dem sie entnommen sind, zu beeinträchtigen. Aus diesem Grund werden einige der Hauptgedanken über den Kampf mit dem Eigenwillen im Text mehrmals mit beinahe denselben Worten wiederholt.

Eigenwille ist für Menschen bestimmt, die mit dem System, das Ouspensky lehrte, und seiner besonderen Terminologie vertraut sind. System und Sprache beschreibt P.D. Ouspensky in *Vom inneren Wachstum des Menschen* und *Auf der Suche nach dem Wunderbaren.*

Inhalt

Das Sein ändern – Die notwendige Bedingung – Verstehen, Arbeit an Gefühle und Willen – Willen aufgeben, weil wir keinen Willen haben – Augenblicke von Willen – Wie man über Willen denken soll – Der Mensch kann nicht tun – Das Gesetz des Zufalls – Alles geschieht – Änderung nur möglich mit Hilfe des Systems und richtiger Instrumente – Tun beginnt mit nicht tun – Wir müssen mit dem Ziel beginnen – Selbst-Erinnern nutzlos ohne Ziel – Eigenwille und Eigensinn mit Willen verwechselt – Jedes «Ich» hat seinen eigenen Willen – Wille ist das Ergebnis von Wünschen – Mit der Arbeit dem Eigenwillen widerstehen – Wie Dinge geschehen: Zufall, Ursache und Wirkung, Schicksal, Wille – Kampf muss willentlich und vorsätzlich geschehen – Die Ansätze von Willen benutzen, um den Willen wachsen zu lassen – Das Fernziel – Schwäche und Stärke – Notwendigkeit organisierter Arbeit – Drei Linien der Arbeit im Menschen – Bevor wir irgendetwas ändern können, müssen wir emotional verstehen, dass alles geschieht, und wir müssen über unsere Kräfte hinaus arbeiten – Wir können keine Entschlüsse fassen, aber wenn wir herausfinden, wie wir regelmässige Anstrengungen machen, und wie wir richtig denken können, werden wir uns selbst zu sehen beginnen – Unterschied zwischen dem Willen gewöhnlicher Menschen und Willen, der auf Wissen, Bewusstsein und permanentem «Ich» beruht – Festlegung und Definition des Ziels – Ziel näher heranbringen – Was ist ein gutes Ziel? – Ziel muss praktisch und nicht zu entfernt sein – Wir müssen wissen, was wir wollen und es in der richtigen Reihenfolge wollen – Das erste Ziel ist, sich selbst zu sehen – Von der Notwendigkeit am Sein zu arbeiten – Lernen, mehr als ein Zentrum zu beherrschen – Kampf gegen Eigenwillen, indem man an die Arbeit denkt – Beschreibung des gewöhnlichen Willens – Selbst-Erinnern bedeutet Augenblicke des Willens – Wille und Freiheit – Was Willen aufgeben bedeutet – Entwicklung kann nicht mechanisch sein – Nichts kann gegeben werden – Für alles muss bezahlt werden – Was *wollen wir und* was *können wir bezahlen? – Moralisches Handeln.*

Ouspensky. Das Leben ist nicht lang genug, um unser Sein zu ändern, wenn wir daran so arbeiten wie an allem anderen im Leben. Es kann nur etwas erreicht werden, wenn man eine perfektere Methode anwendet. Die erste Bedingung ist Verstehen. Der gesamte Rest entspricht dem Verstehen. Es muss auch Anstrengungen in Verbindung mit Gefühlen und Willen geben. Man muss in der Lage sein, gegen sich anzugehen, um seinen Willen aufzugeben.

Zuerst müssen Sie sich fragen: Was ist Wille? Wir haben keinen Willen, wie sollen wir also aufgeben, was wir nicht haben? Dies bedeutet, dass Sie nie zustimmen, keinen Willen zu haben; Sie stimmen nur in Worten zu. Zweitens haben wir nicht immer Willen, sondern nur zeitweise. Wille bedeutet ein starkes Verlangen. Ohne ein starkes Verlangen gibt es nichts aufzugeben; es gibt keinen Willen. In einem anderen Augenblick haben wir ein starkes Verlangen, das gegen die Arbeit gerichtet ist, und wenn wir es stoppen, heisst das, dass wir Willen aufgeben. Wir können Willen nicht in jedem Augenblick aufgeben sondern nur in besonderen Momenten. Und was heisst «gegen die Arbeit gerichtet»? Es heisst, gegen Regeln und Prinzipien der Arbeit gerichtet sein oder gegen etwas, das man Sie persönlich zu tun oder nicht zu tun aufgefordert hat. Es gibt bestimmte generelle Regeln und Prinzipien, und es kann persönliche Bedingungen für verschiedene Leute geben.

Frage. Sollte man um weitere persönliche Anweisungen fragen?

Ouspensky. Ja, aber wenn man fragt, muss man gehorchen. Man ist nicht verpflichtet, irgendetwas zu tun, wenn man nicht fragt, also muss man es sich zweimal überlegen, bevor man fragt.

Frage. Wenn man bereit ist zu gehorchen, werden Sie Anweisungen geben?

Ouspensky. Wenn sich die Gelegenheit bietet. Es muss in einem Augenblick geschehen, wenn Sie Willen haben. Es muss ein entschiedenes Verlangen da sein, etwas zu tun, das die Arbeit oder andere Leute berührt. Gewöhnlich haben wir schlechten Willen. Wir haben sehr selten guten Willen. Wenn Sie guten Willen haben, spreche ich nicht darüber; ich sage einfach, machen Sie weiter, fahren Sie fort, lernen Sie.

Hier sind viele Dinge miteinander vermischt. Sie wissen nicht, wie Sie über Willen denken sollen. Mit einer Ihrer Seiten erkennen Sie, dass Sie Maschinen sind, aber gleichzeitig wollen Sie gemäss Ihrer eigenen Meinung handeln. In diesem Augenblick müssen Sie in der Lage sein, zu stoppen; nicht zu tun, was Sie wollen. Dies gilt nicht für Augenblicke, in denen Sie nicht beabsichtigen, irgendetwas zu tun, aber Sie müssen fähig sein zu stoppen, wenn Ihr Wunsch gegen Regeln oder Prinzipien geht, oder gegen das, was Ihnen gesagt wurde.

Es ist wichtig, zweierlei zu erkennen: Dass wir nicht ‹tun› können und dass wir unter dem Gesetz des Zufalls leben. In den meisten Fällen denken die Leute, tun zu können, dass sie bekommen können, was sie wollen, und dass es nur zufällig nicht gelingt. Die Leute glauben, dass Zufall sehr selten und das meiste auf Ursache und Wirkung zurückzuführen ist. Das ist völlig falsch. Es ist notwendig, auf die richtige Art denken zu lernen, dann werden wir sehen, dass alles *geschieht,* und dass wir unter dem Gesetz des Zufalls leben.

In bezug auf ‹Tun› ist es für uns schwer zu erkennen, dass es zum Beispiel nicht tun ist, wenn Leute eine Brücke bauen; es ist nur das Ergebnis aller vorhergegangenen Anstrengungen. Es ist zufällig. Um dies zu verstehen, müssen Sie an die erste Brücke denken, die Adam baute, und an die gesamte Evolution der Brücken. Zuerst ist es zufällig – ein Baum fällt quer über einen Fluss, dann baut der Mensch etwas ähnliches und so weiter. Die Leute ‹tun› nicht; eines folgt aus dem anderen.

Wenn Sie sich erinnern, dass Sie *nichts tun* können, werden Sie sich vieler anderer Dinge erinnern. Gewöhnlich gibt es drei oder vier Hauptstolpersteine, und wenn Sie nicht über den einen fallen, fallen Sie über den anderen. Zu ‹tun› ist einer von ihnen. In Verbindung hiermit gibt es einige grundlegende Prinzipien, die Sie niemals vergessen dürfen. Dass Sie zum Beispiel auf sich selbst schauen müssen und nicht auf andere Leute; dass Leute nichts aus sich selbst tun können, sondern dass – wenn es möglich ist, sich zu ändern – es nur mit der Hilfe des Systems, der Organisation, persönlicher Arbeit und eines Studiums des Systems möglich ist. Sie müssen derartige Dinge entdecken und sich ihrer erinnern.

Frage. Wie kann man sicher sein, dass man sich ihrer erinnert?

Ouspensky. Stellen Sie sich vor, wie Sie mit der Absicht etwas zu tun, zu planen beginnen. Nur wenn Sie etwas auf eine *andere* Art, als es gewöhnlich *geschieht,* wirklich zu tun versuchen, erkennen Sie, dass es *absolut unmöglich ist, anders zu handeln.* Die Hälfte der gestellten Fragen bezieht sich auf ‹tun› – wie man dies ändern, das zerstören, jenes vermeiden kann und so weiter. Aber es bedarf einer gewaltigen Anstrengung, um auch nur eine Kleinigkeit zu ändern. Bevor Sie es nicht versuchen, können Sie es überhaupt nicht erkennen. Sie können nichts ändern, ausser durch das System. Das wird gewöhnlich vergessen.

Alles geschieht. Man kann nichts tun. Vom Augenblick unserer Geburt bis zur Zeit, da wir sterben, geschehen Dinge, geschehen, geschehen, und wir glauben zu ‹tun›. Dies ist unser gewöhnlicher, normaler Zustand im Leben, und auch nur die kleinste Möglichkeit, etwas zu ‹tun›, kommt allein durch die Arbeit und zuerst nur in uns selbst, nicht äusserlich. Sogar in uns selbst beginnt ‹tun› sehr oft mit *nicht* tun. Bevor Sie etwas tun können, das Sie nicht tun konnten, müssen Sie viele Dinge *nicht tun,* die Sie zuvor taten.

Frage. Hat man manchmal eine Wahl zwischen zwei möglichen Ereignissen?

Ouspensky. Nur in sehr kleinen Dingen, und sogar dann, wenn Sie merken, dass die Dinge auf eine bestimmte Art laufen und sich entschliessen, sie zu ändern, werden Sie entdecken, wie schrecklich unbequem es ist, Dinge zu ändern. So kehren Sie zu denselben Dingen zurück.

Frage. Wenn man wirklich zu verstehen beginnt, dass man nicht ‹tun› kann, wird man eine grosse Menge Mut benötigen. Wird er daraus entstehen, dass man sich von der Scheinpersönlichkeit befreit?

Ouspensky. Zu diesem Verstehen gelangt man nicht so einfach. Es kommt nach einiger Zeit der Arbeit an sich selbst, so dass man, wenn man zu dieser Erkenntnis gelangt, ausserdem viele andere Erkenntnisse hat; in der Hauptsache, dass es Wege gibt, sich zu ändern, wenn man das richtige Instrument am richtigen Ort und zur richtigen Zeit anwendet. Man muss diese Instrumente haben, und sie werden wiederum nur durch die Arbeit gegeben. Es ist *sehr* wichtig, zu dieser Erkenntnis zu gelangen. Ohne sie wird man nicht die richtigen Dinge tun; man wird sich selbst entschuldigen.

Frage. Ich verstehe nicht, warum man sich entschuldigen sollte.

Ouspensky. Man möchte die Vorstellung nicht aufgeben, ‹tun› zu können, so dass man, sogar wenn man erkennt, dass die Dinge einfach geschehen, Entschuldigungen findet, wie, «Das ist ein Zufall, aber morgen wird es anders sein». Deshalb können wir diese Idee nicht umsetzen. Unser ganzes Leben sehen wir, wie Dinge geschehen, aber wir erklären sie weiterhin als Zufälle, als Ausnahmen der Regel, dass wir ‹tun› können. Entweder vergessen wir es oder sehen es nicht oder sind nicht aufmerksam genug. Wir glauben immer, dass wir jeden Augenblick zu ‹tun› beginnen können. So denken wir gewöhnlich darüber. Wenn Sie in Ihrem Leben eine Zeit wahrnehmen, in der Sie etwas zu tun versuchten und es misslang, so wird das ein Beispiel sein, denn Sie werden entdecken, dass Sie Ihren Fehlschlag als einen Zufall, eine Ausnahme erklären. Wenn Dinge sich wiederholen, denken Sie wieder, Sie werden zu ‹tun› in der Lage sein, und wenn Sie dies wieder sehen, werden Sie Ihren Fehlschlag wiederum als nur zufällig erklären. Es ist sehr nützlich, Ihr Leben unter diesem Gesichtspunkt durchzugehen. Sie beabsichtigen eine Sache, und etwas anderes geschah. Wenn Sie wirklich ernsthaft sind, werden Sie sehen; wenn dem nicht so ist, werden Sie sich selbst überreden, dass das, was geschah, genau das war, was Sie wollten!

Ouspensky. Sie müssen mit einer konkreten Idee beginnen. Versuchen Sie herauszufinden, was Sie wirklich davon abhält, in der Arbeit aktiv zu sein. Es ist notwendig, in der Arbeit aktiv zu sein; man kann nichts erreichen, wenn man passiv ist.

Dann vergessen wir den Anfang, wo und warum wir begannen, und die meiste Zeit denken wir nicht einmal an das *Ziel,* sondern nur an kleine Einzelheiten. Keine Einzelheiten sind ohne das Ziel von irgendwelchem Nutzen. Selbst-Erinnern ist nutzlos ohne Erinnern der Ziele in der Arbeit und des ursprünglichen, grundlegenden Ziels. Wenn diese Ziele nicht emotional erinnert werden, können Jahre vergehen, und man wird im selben Zustand bleiben. Es reicht nicht aus, den Verstand zu erziehen; es ist notwendig, den Willen zu erziehen. Sie müssen verstehen, was unser Wille ist. Von Zeit zu Zeit haben wir Willen. Wille ist das Ergebnis von Verlangen. In dem Augenblick, in dem wir ein starkes Verlangen haben, gibt es Willen. In diesem Augenblick müssen wir unseren Willen studieren und sehen, was getan werden kann. Wir haben keinen Willen, sondern Eigenwillen und Eigensinn. Wenn man das versteht, muss man mutig genug sein, seinen Willen aufzugeben, auf das zu achten, was gesagt wurde. Sie müssen nach diesen Augenblicken Ausschau halten und dürfen sie nicht versäumen. Ich meine nicht, sie künstlich zu erzeugen, obwohl in einem Haus (das gemäss Arbeitsprinzipien organisiert ist) bestimmte Möglichkeiten gegeben sind, um seinen Willen aufzugeben, so dass Sie, wenn Sie Ihren Willen aufgeben, später Ihren eigenen Willen haben können. Aber sogar Leute, die nicht in dem Haus sind, können sich, wenn sie sich beobachten und sorgfältig sind, in solchen Augenblicken überraschen und sich fragen, was sie tun sollen. Jeder muss herausfinden, wie seine eigene Situation beschaffen ist.

Frage. Wie sollten wir über unsere Unfähigkeit zu ‹tun› in bezug auf Verantwortlichkeit denken?

Ouspensky. Es werden ihnen bestimmte, genau umrissene Aufgaben gegeben, Dinge, die zu tun sind. Wenn Sie lernen, sich Ihrer selbst zu erinnern, sogar nur ein wenig, werden Sie entdekken, dass Sie sich in bezug auf alles andere in einer besseren Ausgangslage befinden.

Frage. Stellt das System noch irgendeine andere These über die Willenskraft auf ausser der, dass sie durch Anwenden wächst und durch Nichtgebrauch dahinschwindet?

Ouspensky. Das System erklärt, dass Sie viele «Ichs» haben und dass jedes seinen eigenen Willen hat. Wenn Sie, anstatt viele zu sein, eins werden, dann werden Sie *einen* Willen haben. Wille in den gewöhnlichen Menschen Nr. 1, 2 und 3 ist nur das Ergebnis von Wünschen. Gewisse widerstreitende Wünsche, oder Verknüpfungen von Wünschen lassen Sie auf eine bestimmte Art agieren. Das ist alles.

Frage. Ist das beobachtende «Ich» der Keim des Permanenten «Ich»?

Ouspensky. Das beobachtende «Ich» ist der Keim des Permanenten «Ich», aber es hat keinen wirklichen Willen. Sein Wille ist dem Eigenwillen nicht entgegengesetzt. Was kann dem Eigenwillen entgegenstehen? Es gibt nur zwei entgegengesetzte Dinge: Arbeit und Eigenwille. Eigenwille wünscht zum Beispiel zu schwatzen, und es gibt eine Regel gegen Geschwätz. Daraus folgt ein Kampf, und das Ergebnis hängt davon ab, wer von beiden gewinnt.

Frage. Anstrengungen zu machen ist, was Sie Kampf nennen, aber nehmen Sie an, man ist sich keines Kampfes bewusst?

Ouspensky. Das bedeutet, dass er geschah. Dinge können uns auf vier Arten geschehen – durch Zufall, durch Ursache und Wirkung, durch Schicksal und durch Willen. Kampf muss willentlich, absichtlich stattfinden. Und Sie müssen sich Ihrer Absicht gewahr sein. Sie können keine Anstrengung machen und dessen nicht gewahr sein. Wille wäre, wenn Sie etwas wollten und sich entschlössen und handelten und erreichten, was Sie wünschten. Genau das ist wichtig.

Frage. Ich glaube, ich hörte sagen, dass ein Mensch verstehen wird, wie Gruppen von «Ichs» einander helfen, wenn er Gruppen von «Ichs» studiert.

Ouspensky. Was in diesem Fall wichtig ist, ist willentliches Handeln. Zu Beginn wurden uns nur drei Dinge genannt – Wille, Schicksal und Zufall. Dann kamen wir zu dem Schluss, dass es eine vierte Kategorie geben muss, die dem Karma entspricht. Aber da dieses Wort viele falsche Assoziationen aus der Theosophie erworben hat, verwandten wir die Begriffe Ursache und Wirkung und meinten damit etwas, das in diesem Leben geschieht und sich nur auf einen selbst bezieht, denn von einem anderen Gesichtspunkt aus beruht die ganze Welt auf Ursache und Wirkung.

Frage. In diesen vier Kategorien wird Wille nicht oft verwandt, nicht wahr?

Ouspensky. Wille muss angewandt werden. Wir sind niemals zur Arbeit bereit, aber wir müssen trotzdem arbeiten. Wenn wir bereit sind, dann wird uns andere Arbeit gegeben, für die wir nicht bereit sind.

Frage. Wenn man sein Schicksal kennt, wie kann man eine Linie einhalten, um Zufälle zu vermeiden?

Ouspensky. Ich weiss nicht, was Sie mit ‹das Schicksal kennen› meinen. Es hat nichts mit Zufälle vermeiden zu tun. Man vermeidet Zufälle (in unserem besonderen Sinn), indem man Ursachen erzeugt und Wirkungen vermehrt. Das ist Annäherung an den Willen. Es ist nicht Wille, aber Annäherung daran. Nur eine bestimmte Anzahl von Dingen kann in einer Stunde oder an einem Tag geschehen; wenn man daher mehr Ursachen erzeugt, bleibt weniger Raum für Zufälle.

Wir können Schicksal nur in bezug auf unseren körperlichen Zustand, unsere Gesundheit und so weiter nehmen. Schicksal hat nichts mit Errungenschaften zu tun. Ursache und Wirkung setzen den Anfang. Aber Ursache und Wirkung ist, wenn das Ergebnis auf unserem eigenen Handeln beruht, aber nicht auf vorbedachtem Handeln. In der Arbeit müssen wir versuchen, Willen anzuwenden – so viel, wie wir haben. Wenn man einen Zoll Willen hat und ihn gebraucht, dann wird man zwei Zoll haben, dann drei und so weiter.

Frage. Wie kann ich lernen, im Leben anders zu handeln, um dieselben begrenzten und sich wiederholenden Gefühle zu vermeiden, die ich nun fühle?

Ouspensky. Das ist unser Ziel; das ist das Ziel der ganzen Arbeit. Das ist der Grund, warum die Arbeit organisiert wurde, warum wir verschiedene Theorien studieren, uns verschiedener

Regeln erinnern müssen und so weiter. Sie sprechen von einem weit entfernten Ziel. Zuerst müssen wir im System arbeiten. Indem wir in Verbindung mit dem System und der Organisation handeln lernen, lernen wir im Leben handeln; aber wir können nicht lernen, im Leben zu handeln, ohne zuerst durch das System zu gehen.

Frage. Wenn wir ganz Schwäche und ohne Stärke sind, aus welcher Quelle ziehen wir dann eine derartige Kraft, wie wir sie allein schon haben müssen, um die Arbeit an uns zu beginnen?

Ouspensky. Wir müssen eine gewisse Stärke haben. Wenn wir nur schwach sind, können wir nichts tun. Aber wenn wir überhaupt keine Kraft hätten, würden wir uns nicht für diese Arbeit interessieren. Wenn wir unsere Situation erkennen, haben wir bereits eine gewisse Stärke, und neues Wissen vermehrt diese Stärke. Also haben wir für den Anfang völlig ausreichende Kraft. Später kommt mehr Kraft aus neuem Wissen und neuen Anstrengungen hinzu.

Ouspensky. Sofern Leute nicht von Anfang an ausreichende Anstrengungen machen, wird das System für sie nutzlos sein. Anstrengungen müssen organisiert sein. Was heisst das? Wenn Sie unsere Arbeit nicht verstehen, werden wir nicht in der Lage sein, Ihnen zu helfen. Wir können Ihnen nur helfen, wenn Sie unserer Arbeit beitreten. Sie müssen an drei Gebieten arbeiten. Bevor man verstehen kann, was dies in bezug auf die *Arbeit* bedeutet, muss man drei verschiedene Arbeitsgebiete in *sich selbst* verstehen: intellektuelle Arbeit (Erwerb von Wissen), emotionale Arbeit (Arbeit an Gefühlen) und Arbeit am Willen (Arbeit an unserem Handeln). Man hat keinen so grossen Willen wie Mensch Nr. 7, aber man hat in bestimmten Augenblicken Willen. Wille ist das Ergebnis von Wünschen. Wille kann in Augenblicken gesehen werden, da ein starker Wunsch, etwas zu tun oder nicht zu tun, da ist. Nur diese Augenblicke sind wichtig. Das System kann nur denen helfen, die erkennen, dass sie ihren Willen nicht beherrschen können. Dann wird ihnen das System entweder helfen, ihren Willen zu beherrschen, oder sie müssen tun, wie ihnen gesagt wurde.

Frage. Gibt es nicht so etwas wie das Erzwingen einer Situation?

Ouspensky. Es mag so aussehen, aber in Wirklichkeit geschah es. Wenn es auf diese Art nicht geschehen konnte, dann konnte es nicht geschehen. Wenn Dinge auf eine bestimmte Art passieren, werden wir vom Strom getragen, wir aber glauben, den Strom zu beherrschen.

Frage. Wenn man einen Augenblick lang fühlt, dass man in der Lage ist, zu ‹tun›, sagen wir, eine besondere Beschäftigung innerhalb der gewöhnlichen Arbeit durchzuführen, wie lautet hierzu die Erklärung?

Ouspensky. Wenn man ausgebildet wird, etwas zu tun, lernt man, einer bestimmten Art von Geschehnissen zu folgen, oder wenn Sie wollen, eine bestimmte Art von Geschehnissen in Gang zu setzen, und dann entwickeln sich diese und man rennt hinterher, obwohl man sich einbildet, sie zu führen.

Frage. Wenn man die richtige Haltung hat ...

Ouspensky. Nein, Haltung hat damit nichts zu tun. Die Haltung mag richtig sein und das Verstehen mag richtig sein, aber Sie merken weiterhin, dass die Dinge auf eine bestimmte Art geschehen. Jegliche gewöhnliche Sache. Es ist sehr nützlich, wenn man sich der Fälle zu erinnern versucht, in denen man versucht hat, etwas anders zu tun, um dann zu sehen, wie man stets zur selben Sache zurückkommt, sogar dann, wenn eine leichte Abweichung gelang, treiben uns gewaltige Kräfte in die alten Geleise zurück.

Frage. Als Sie sagten, wir könnten nichts daran ändern, dass dieselben Dinge geschehen, meinten Sie, bis unser Sein gewandelt ist?

Ouspensky. Ich sprach nicht von Arbeit. Ich sagte, es sei notwendig zu verstehen, dass wir *aus uns selbst* nicht ‹tun› können. Wenn Sie das ausreichend verstanden haben, können Sie darüber nachdenken, was zu tun möglich ist: welche Bedingungen, welches Wissen und welche Hilfe benötigt werden. Aber zuerst ist es notwendig zu erkennen, dass Sie, wenn Sie im gewöhnlichen Leben etwas anders zu machen versuchen, merken, dass Sie es nicht können. Erst wenn dies gefühlsmässig verstanden ist, wird es möglich, weiter zu gehen.

Frage. Wenn wir Maschinen sind, wie können wir unser Wesen ändern?

Ouspensky. Sie können nicht warten, bis Sie sich ändern. Es gibt ein sehr wichtiges Prinzip in der Arbeit – Sie sollten nie Ihren Kräften entsprechend arbeiten, sondern immer über Ihre Kräfte hinaus. Das ist ein permanentes Prinzip. In der Arbeit müssen Sie immer mehr tun, als Sie können. Nur dann können Sie sich ändern. Wenn Sie nur das tun, was möglich ist, werden Sie bleiben, wo Sie sind. Man muss das Unmögliche tun. Sie dürfen das Wort ‹unmöglich› nicht zu hoch einschätzen, auch ein bisschen bedeutet viel. Sie müssen mehr tun, als Sie können, oder Sie werden sich niemals ändern. Hier unterscheidet es sich vom Leben – im Leben tun Sie nur, was möglich ist.

Frage. Ich möchte einen Weg finden, um einen Entschluss zu Arbeiten zu treffen, von dem ich nicht abtreten kann.

Ouspensky. Das ist eine unserer grössten Illusionen, dass wir Entschlüsse fassen können. Um Entschlüsse zu fassen, ist es notwendig zu *sein,* denn so, wie wir sind, trifft ein kleines «Ich» Entscheidungen und von einem anderen «Ich», das nichts davon weiss, wird erwartet, dass es sie dann ausführt. Dies ist einer der ersten Punkte, die wir erkennen müssen, dass wir, so wie wir sind, nicht einmal in Kleinigkeiten Entscheidungen treffen können – die Dinge geschehen einfach. Aber wenn Sie dies richtig verstehen, wenn Sie nach den Ursachen auszuschauen beginnen und wenn Sie diese Ursachen finden, dann werden Sie fähig sein zu arbeiten, und vielleicht werden Sie in der Lage sein, Entschlüsse zu fassen, aber für eine lange Zeit nur in bezug zur Arbeit, zu nichts anderem.

Das erste, wozu Sie sich entschliessen müssen, ist, Ihre eigene Arbeit zu tun und zwar regelmässig, sich an sie zu erinnern, sie nicht entschlüpfen zu lassen. Wir vergessen zu leicht. Wir entschliessen uns zu Anstrengungen – bestimmte Arten von Anstrengungen und bestimmte Arten von Beobachtungen –, und dann unterbrechen ganz gewöhnliche Dinge, gewöhnliche Oktaven alles, und wir vergessen es ganz. Wieder erinnern wir uns und wiederum vergessen wir und so weiter. Wir müssen weniger vergessen und mehr erinnern. Es ist notwendig, bestimmte Erkenntnisse, bestimmte Dinge, die Sie bereits erkannt und verstanden haben, immer gegenwärtig zu haben. Sie müssen versuchen, sie nicht zu vergessen.

Die Hauptschwierigkeit liegt darin, *was* man tun soll und *wie* man sich dazu bringt, es zu tun. Zu regelmässigem Denken zu gelangen, zu regelmässiger Arbeit – darauf kommt es an. Nur dann werden Sie sich selbst zu sehen beginnen, das heisst sehen, was wichtiger und was weniger wichtig ist, worauf zu achten ist und so weiter. Was geschieht sonst? Sie entschliessen sich zu arbeiten, etwas zu tun, etwas zu ändern – und dann bleiben Sie einfach, wo Sie waren. Versuchen Sie, über Ihre Arbeit nachzudenken, was Sie zu tun versuchen, warum Sie es zu tun versuchen, was Ihnen dabei hilft und was Sie behindert, sowohl von innen als von aussen. Es kann ebenfalls nützlich sein, über äussere Ereignisse nachzudenken, denn sie zeigen Ihnen, wie viel auf der Tatsache beruht, dass die Leute schlafen, dass sie unfähig sind, richtig zu denken, unfähig zu verstehen. Wenn Sie dies ausserhalb gesehen haben, können Sie es auf sich selbst anwenden. Sie werden dieselbe Verwirrung über allerlei Arten von Themen in sich selbst sehen. Es ist schwer zu denken, schwer zu sehen, wo man zu denken anfangen sollte: Wenn Sie dies einmal verstehen, beginnen Sie, auf die richtige Art zu denken. Wenn Sie Ihre Art herausfinden, wie über einen Gegenstand richtig zu denken ist, wird Ihnen das unmittelbar helfen, über andere Dinge richtig zu denken. Die Schwierigkeit liegt darin, dass die Leute über gar nichts richtig nachdenken.

Ouspensky. Was heisst es, praktisch zu arbeiten? Es bedeutet, nicht nur am Intellekt zu arbeiten, sondern auch an den Gefühlen und am Willen. Arbeit am Intellekt bedeutet, auf eine neue Art zu denken, neue Gesichtspunkte zu erschaffen, Illusionen zu zerstören. Arbeit an den Gefühlen bedeutet, keine negativen Gefühle auszudrücken, sich nicht zu identifizieren, nicht innerlich zu erwägen und später, auch an den Gefühlen selbst zu arbeiten. Arbeit am Willen: Was bedeutet das? Was ist Wille in

Mensch Nr. 1, 2 und 3? Er ist das Ergebnis von Wünschen. Wille ist der Faden miteinander verbundener Wünsche, und da sich unsere Wünsche dauernd ändern, haben wir keinen permanenten Faden. So hängt der gewöhnliche Wille von Wünschen ab, und Wünsche können sehr verschieden sein; der Wunsch, etwas zu tun und der Wunsch, etwas nicht zu tun. Der Mensch hat keinen Willen, sondern nur Eigenwillen und Eigensinn.

Wir müssen uns fragen, worauf der Wille von Mensch Nr. 7 beruhen könnte. Er muss auf vollem Bewusstsein beruhen, und dies bedeutet Wissen und Verstehen in Verbindung mit objektivem Bewusstsein und Permanentem «Ich». Nur diejenigen, die diese drei Dinge haben, können wirklichen Willen haben; das heisst, ein Wille, der von allem anderen unabhängig ist und nur auf Bewusstsein, Wissen und Permanentem «Ich» beruht.

Fragen Sie sich nun, worauf Eigenwille und Eigensinn beruhen. Sie beruhen immer auf Widerspruch. Eigenwille heisst, wenn zum Beispiel jemand sieht, dass ein anderer nicht weiss, wie etwas zu tun ist und sagt, er wolle es erklären, und der andere sagt, «Nein, ich will es alleine tun». Der Eigenwille entspringt dem Widerspruch. Eigensinn ist das gleiche, nur allgemeiner. Eigensinn kann eine Art Gewohnheit sein.

Um zu studieren, wie mit der Arbeit am Willen begonnen werden soll, wie man ihn transformiert, muss man seinen Willen aufgeben. Dies ist eine sehr gefährliche Beschreibung, wenn sie missverstanden wird. Es ist wichtig, richtig zu verstehen, was «seinen Willen aufzugeben» bedeutet. Es fragt sich, wie man das tun soll. Erstens muss man versuchen, Gedanken, Worte und Handlungen mit Ideen, Erfordernissen und Interessen des Systems zu verbinden und zu koordinieren. Wir haben zu viele zufällige Gedanken, die die ganze Angelegenheit verändern. Wenn wir in der Arbeit sein wollen, müssen wir all unsere Gedanken, Worte und Handlungen vom Gesichtspunkt der Arbeit aus überprüfen. Einige von ihnen können der Arbeit schaden. Wenn Sie also arbeiten wollen, sind Sie nicht länger frei; Sie müssen die *Illusion* der Freiheit verlieren. Die Frage ist: Haben wir Freiheit? Haben wir etwas zu verlieren? Die einzige Freiheit, die wir haben, ist, der Arbeit und den Leuten zu schaden. Indem wir lernen, der Arbeit nicht zu schaden, lernen wir, uns selbst nicht zu schaden; keine unverantwortlichen, unzusammenhängenden Taten zu vollführen. Daher geben wir nichts Wirkliches auf.

Ouspensky. Die Festlegung und Definition des Ziels ist ein sehr wichtiger Augenblick in der Arbeit. Gewöhnlich geschieht es, dass man sein Ziel völlig richtig, in der durchaus richtigen Richtung definiert, nur nimmt man ein Ziel, das sehr weit entfernt liegt. Mit diesem Ziel vor Augen beginnt man dann zu lernen und Material anzuhäufen. Wenn man das nächste Mal versucht, sein Ziel zu definieren, definiert man es ein bisschen anders und findet ein Ziel, das ein wenig näher liegt. Das nächste Mal wieder ein bisschen näher und so weiter, bis man ein Ziel findet, das ganz nahe liegt – morgen oder übermorgen. Das ist in der Tat der richtige Weg in bezug auf Ziele, wenn wir von ihnen ohne bestimmte Worte sprechen. Jedoch können wir nebst diesen viele finden, die eindeutig erwähnt worden sind. «Eins zu sein.» Völlig richtig; sehr gutes Ziel. «Frei zu sein». Wie? Nur, wenn man Kontrolle über die Maschine erlangt. Jemand kann sagen: «Ich möchte Willen haben». Sehr gut. «Ich will wach sein.» Auch sehr gut. All diese Ziele liegen auf derselben Linie, lediglich in unterschiedlichen Abständen.

Frage. Ich bin zu dem Schluss gekommen, dass die meisten meiner Ziele zu entfernt liegen und ich möchte mehr an der praktischen Seite arbeiten.

Ouspensky. Ja, denn bevor Sie entfernte Ziele erreichen können, gibt es vieles, das Sie Hier und Jetzt zu tun haben, und hierin unterscheidet sich dies System von fast allen anderen Systemen. Beinahe alle anderen Systeme beginnen mindestens zehntausend Meilen weiter vorne und haben keine praktische Bedeutung; aber dieses System beginnt in diesem Zimmer. Das ist der Unterschied, und das muss als allererstes verstanden werden.

Wieder und wieder müssen wir zu dieser Frage zurückkehren,

was wir von der Arbeit wollen. Benutzen Sie nicht die Terminologie des Systems, sondern finden Sie heraus, was Sie selbst wollen. Wenn Sie sagen, Sie wollen bewusst sein, so ist das alles sehr gut. Aber warum? Was wollen Sie dadurch erreichen, dass Sie bewusst werden? Sie dürfen nicht denken, dass Sie diese Frage sofort beantworten können. Sie ist sehr schwer. Aber Sie dürfen nicht aufhören, auf sie zurückzukommen. Und Sie müssen verstehen, dass, bevor die Zeit kommt, da Sie in der Lage sein werden zu erhalten, was Sie wollen, Sie wissen müssen, was es ist. Das ist eine sehr endgültige Bedingung. Sie können niemals etwas erhalten, bevor Sie es nicht kennen und sagen können «Ich will dies». Dann werden Sie es vielleicht bekommen oder vielleicht auch nicht; aber Sie können es niemals bekommen, bis Sie nicht wissen, was es ist. Ebenfalls müssen Sie die Dinge in der richtigen Ordnung wollen.

Frage. Was bedeutet das?

Ouspensky. Man muss die richtige Ordnung der Möglichkeit studieren und verstehen. Das ist eine sehr interessante Angelegenheit.

Frage. Meinen Sie im System?

Ouspensky. Mit Hilfe des Systems. Aber Sie können es auf Ihre eigene Art formulieren. Sie müssen aufrichtig mit sich selbst sein. Sie müssen genau wissen, was Sie wollen, und dann werden Sie sich fragen: «Wird das System in der Lage sein, mir dabei zu helfen, es zu erlangen?» und so weiter. Aber Sie müssen wissen, was Sie wollen.

Wir sind nie zwei Tage hintereinander dieselben. An einigen Tagen werden wir erfolgreicher sein, an anderen weniger. Alles, was wir tun können, ist, so viel wie möglich zu überblicken. Wir können niemals schwierigere Dinge beherrschen, wenn wir die leichten nicht beherrschen. Jeden Tag und jede Stunde gibt es Dinge, die wir beherrschen könnten und nicht tun; so können wir nichts Neues zum Beherrschen haben. Wir sind umgeben von vernachlässigten Dingen. Grösstenteils beherrschen wir unser Denken nicht. Wir denken auf eine vage Art an das, was wir wollen, aber wenn wir nicht formulieren, was wir wollen, wird nichts geschehen. Dies ist die erste Bedingung, aber es gibt viele Hindernisse.

Ich habe über diese Frage des Ziels gesprochen, weil ich Ihnen rate, darüber nachzudenken, zu überprüfen, was Sie bereits über Ziele gedacht haben und darüber nachzudenken, wie Sie Ihr Ziel nach einem Studium dieser Ideen nun definieren würden. Es ist zwecklos, ein Ziel zu definieren, das nicht erreicht werden kann. Wenn Sie jedoch ein Ziel definieren, das Sie zu erreichen hoffen können, dann wird Ihre Arbeit bewusst, ernsthaft sein.

Wenn ich danach gefragt würde, wäre meine Antwort, dass das, was ein Mensch bekommen kann, was ihm unter der Bedingung, dass er arbeitet, versprochen werden kann, darin besteht, dass er sich nach einiger Zeit der Arbeit selbst sehen wird. Er mag andere Dinge erreichen, wie Bewusstsein, Einheit, Verbindung mit höheren Zentren, alle folgen nach – und wir wissen nicht, in welcher Reihenfolge sie in Erscheinung treten. Aber wir müssen an eines denken; bis wir dies erlangen – bis wir uns selbst sehen – können wir nichts anderes erreichen. Bis wir mit diesem Ziel vor Augen zu arbeiten beginnen, können wir nicht sagen, dass wir zu arbeiten begonnen haben. Demnach müssen wir nach einiger Zeit in der Lage sein, unser unmittelbares Ziel als uns selbst zu sehen formulieren können. Nicht einmal uns selbst zu *kennen* (das kommt später), sondern uns selbst zu *sehen.*

Ouspensky. Sogar Wissen und Verstehen können nicht helfen, wenn man nicht am Sein arbeitet. Wenn der Wille nicht gleichzeitig wächst, kann man verstehen und dennoch nicht in der Lage sein, etwas zu tun.

Frage. Sie sagen, es sei möglich zu verstehen und dennoch nichts damit anfangen zu können?

Ouspensky. Ja, wenn man nicht von Anfang an ernsthafte Anstrengungen unternommen hat, Willen zu entwickeln. Wenn der Wille unentwickelt bleibt, dann kann die Entwicklung des Verstehens nicht viel helfen. Man kann sehr viel verstehen, aber gleichzeitig nicht fähig sein, irgendetwas damit anzufangen.

Frage. Ist der Wille Teil des Seins?

Ouspensky. Ja, genauso wie Bewusstsein oder Verständnis. Nur, wenn Sie zu viel am Verständnis arbeiten und den Willen ausser acht lassen, dann wird Ihr Wille, anstatt stärker schwächer werden oder genau so bleiben, wie er war. Mit unserem Willen – dem Willen von Mensch 1, 2 und 3 – können wir nur *ein* Zentrum beherrschen, wenn wir die gesamte uns mögliche Konzentration einsetzen. Wir können niemals zwei oder drei Zentren beherrschen, und ausserdem hängen die Zentren voneinander ab. Nehmen Sie an, wir entschlössen uns, ein Zentrum zu beherrschen und währenddessen funktionierten andere Zentren alleine weiter, dann werden sie sofort das Zentrum anstecken, das wir beherrschen wollen und es wieder zu mechanischem Reagieren bringen.

Frage. Wie kann man diese Art Willen erlangen?

Ouspensky. Das wurde in bezug auf die «Stop»-Übung* erklärt. Diejenigen, die den Vortrag über die «Stop»-Übung hörten, mögen sich erinnern. Mehr als ein Zentrum zu beherrschen, ist die Grundlage der «Stop»-Übung. Sie kann nur ausgeführt werden, wenn Sie sich unter einen anderen Willen stellen, denn Ihr eigener Wille reicht nicht aus. Manchmal kann es notwendig sein, vier Zentren zu beherrschen, und das Maximum Ihrer Willensenergie kann nur ein Zentrum beherrschen. Daher ist ein anderer Wille notwendig. Aus diesem Grund sind Schuldisziplin und Schulübungen notwendig.

Frage. Wie können wir gegen den Eigenwillen angehen? Ist es uns, so wie wir sind, möglich, die Augenblicke zu erkennen, in denen wir wirklichen Willen haben?

Ouspensky. Nicht wirklichen Willen; den können wir nicht haben. Alles, was wir haben, sind Eigenwille und Eigensinn oder kleine Stücke von Willen, die sich die ganze Zeit ändern. Wirklicher Wille ist noch sehr weit weg; er beruht auf Permanentem «Ich», Bewusstsein und Individualität. Wir haben ihn nicht.

Was die Frage, wie wir gegen Eigenwillen arbeiten können,

* Zur Beschreibung der «Stop»-Übung siehe P. D. Ouspensky: *Auf der Suche nach dem Wunderbaren,* Bern, München, Wien 1966, S. 517–23)

anbelangt: Sie können das System studieren. Es gibt bestimmte Anforderungen im System; Dinge, die Sie tun oder unterlassen sollen. Zum Beispiel sollen Sie nicht reden, denn wenn Sie es tun, werden Sie nur Lügen erzählen. Sie können erst über das System sprechen, wenn Sie es kennen und verstehen. Auf diese Art begegnen Sie von Anfang an Arbeitsideen, die dem Eigenwillen entgegenlaufen. Wenn Sie die Arbeit vergessen, arbeiten Sie nicht gegen Eigenwillen. Die einzige Art, gegen Eigenwillen anzukämpfen, ist, sich der Arbeit zu erinnern. Es kann geschehen, dass die Arbeit in einem bestimmten Augenblick überhaupt keine Rolle spielt, aber in einem anderen Augenblick ist sie beteiligt, und in diesem Moment können Sie verstehen, was den Eigenwillen aufzugeben bedeutet. Fragen Sie sich selbst: Ist es vom Gesichtspunkt der Arbeit aus richtig oder nicht? Das ist Kampf gegen Eigenwillen.

Zuerst muss man verstehen, was Wille ist. Wir haben keinen Willen; wir haben nur Eigenwillen und Eigensinn. Eigenwille ist Selbstbestätigung. Eigensinn heisst gegen etwas angehen, gegen Regeln und so weiter. Beide beinhalten eine Art Opposition gegen etwas, und in dieser Form gibt es sie. Der Mensch hat keinen ursprünglichen Willen, der ohne Widerstand existieren kann und der beständig ist. Aus diesem Grund muss er unterworfen werden. Diese Unterwerfung schult ihn, so dass er hinterher einer bestimmten Linie folgen kann. Wenn er stark genug wird, braucht man ihn nicht länger zu begrenzen. Demnach kann denn der Wille nicht gelassen werden, wie er ist. Jetzt läuft er in alle Richtungen. Er muss geschult werden, und um ihn zu schulen, muss man viele unangenehme Dinge tun.

Im gewöhnlichen Menschen folgt der Wille einer Zickzacklinie oder dreht sich im Kreis. Wille zeigt die Richtung der Anstrengungen. Anstrengung ist unser Geld. Wir müssen mit Anstrengungen bezahlen. Entsprechend der Stärke der Anstrengungen und dem Zeitpunkt der Anstrengungen – in dem Sinn, ob es die richtige Zeit für die Anstrengung ist oder nicht – erzielen wir Ergebnisse. Anstrengung erfordert Wissen, Kenntnis der Augenblicke, in denen Anstrengung nützlich ist. Die

Anstrengungen, die wir machen können, sind solche der Selbstbeobachtung und des Selbst-Erinnerns. Wenn Leute von Anstrengung hören, denken sie an eine Anstrengung des «Tuns». Das wäre verlorene Anstrengung oder falsche Anstrengung, aber Anstrengung der Selbstbeobachtung oder des Selbst-Erinnerns ist richtig, weil es richtige Ergebnisse bringen kann.

Frage. Warum sagten Sie, wir müssten uns unserer selbst zu erinnern versuchen, wenn es am schwierigsten ist?

Ouspensky. Sie wissen, dass Sie etwas nicht tun sollen. Ein Teil von Ihnen will es tun. Dann erinnern Sie sich Ihrer selbst und stoppen Sie ihn. Selbst-Erinnern hat ein Element von Willen in sich. Wenn es nur träumen hiesse «Ich bin, ich bin, ich bin», wäre es nichts. Sie müssen einfach eine bestimmte Zeit darauf verwenden darüber nachzudenken, was Erinnern bedeutet und was Erinnern nicht bedeutet, und was für eine Wirkung Erinnerungen haben. Dann können Sie vielerlei Wege erfinden, sich Ihrer selbst zu erinnern. Jedoch ist Selbst-Erinnern in der Tat keine intellektuelle oder abstrakte Angelegenheit; es bedeutet Augenblicke von Willen. Es ist nicht Denken; es ist Handeln. Es bedeutet, vermehrte Kontrolle zu haben; von welchem Nutzen wäre es sonst? Sie können sich nur in Augenblicken des Selbst-Erinnerns kontrollieren. Die mechanische Kontrolle, die durch Schulung und Erziehung erworben wird – wenn uns gelehrt wird, wie wir uns in bestimmten Situationen verhalten sollen – ist keine wirkliche Kontrolle.

Frage. Sollen wir verstehen, dass Selbst-Erinnern Gewahrsein bedeutet?

Ouspensky. Nicht nur Gewahrsein. Es bedeutet auch eine gewisse Fähigkeit, auf eine bestimmte Art zu handeln, zu tun, was Sie wollen. Sehen Sie, in unserer logischen Denkweise, gemäss logischem Wissen, trennen wir Bewusstsein vom Willen. Aber Bewusstsein *bedeutet* Wille. In der russischen Sprache zum Beispiel ist «Wille» dasselbe Wort wie «Freiheit». Das Wort «Bewusstsein» meint eine Verbindung allen Wissens; als hätten Sie Ihr gesamtes Wissen zur selben Zeit vor sich. Aber Bewusstsein bedeutet auch Wille, und Wille bedeutet Freiheit.

Frage. Was heisst es, den Willen aufzugeben?

Ouspensky. Aufgeben von Kindischsein, Unwirksamkeit und Lügen.

Frage. Beinhaltet die Aufgabe des Eigenwillens ebenfalls die Aufgabe des eigenen Urteils?

Ouspensky. Es kommt darauf an, worin. Was bedeutet Aufgabe des Willens? Wie kann es erreicht werden? Sie haben falsche Vorstellungen hierüber. Erstens stellen Sie es sich als eine endgültige Handlung vor: dass Sie Willen aufgeben und keinen weiteren Willen mehr haben. Das ist eine Illusion, denn wir haben keinen derartigen Willen, den wir aufgeben könnten. Unsere Willenskraft reicht für rund drei Minuten. Wille wird zeitlich gemessen. Wenn wir einmal drei Minuten Willen aufgeben, werden morgen weitere drei Minuten Willen wachsen. Willen aufzugeben ist ein kontinuierlicher Prozess, nicht *eine* Handlung. Eine einzige Handlung bedeutet nichts. Ein zweiter Fehler ist, sich nicht bestimmter Prinzipien zu erinnern, denen gegenüber Sie Willen aufgeben, wie zum Beispiel Regeln. Es gibt beispielsweise eine Regel, dass Sie nicht über dieses System sprechen sollten. Der natürliche Wunsch ist zu reden, aber wenn Sie sich zurückhalten, heisst das, dass Sie Ihren Willen aufgeben; dass Sie dieser Regel gehorchen. Es gibt viele weitere Prinzipien, denen gegenüber Sie Ihren Willen aufgeben müssen, um ihnen zu folgen.

Frage. Bedeutet, seinen Willen aufzugeben, nicht ohne Verstehen zu handeln?

Ouspensky. Sehen Sie, das ist ein weiterer Ihrer Fehler. Sie denken, Willen aufzugeben bedeute, etwas zu *tun.* Das geschieht sehr selten. In den meisten Fällen wird Ihnen gesagt, etwas *nicht* zu tun. Hierin liegt ein grosser Unterschied. Zum Beispiel wollen Sie jemandem erklären, was Sie von ihm halten, und Sie dürfen es nicht tun. Es ist eine Frage der Übung. Wille kann entwickelt werden, wenn ein Mensch an sich arbeitet und seinen Willen zwingt, den Arbeitsprinzipien zu gehorchen. Dinge, die die Arbeit nicht betreffen, können nicht damit verbunden werden, aber je mehr Sie sich mit der Arbeit befassen, desto mehr Dinge beginnen die Arbeit zu berühren. Aber das erfordert Zeit.

Wenn ihre Chance kommt und den Leuten gesagt wird, etwas zu tun oder etwas zu unterlassen, gehen sie, wie ihnen scheint, aus dem besten aller Gründe dagegen an. So versäumen sie ihre Gelegenheit. Die Zeit vergeht, und später mögen sie einsehen, dass sie ihre Gelegenheit versäumt haben, aber sie kann nicht mehr durch irgendetwas ersetzt werden. Das ist die Strafe für Eigenwillen.

Zu dieser Vorstellung, seinen Willen aufzugeben: Es muss wiederholt werden, dass Mensch Nr. 1, 2 und 3 keinen Willen haben, sondern nur Eigenwillen und Eigensinn. Versuchen Sie zu verstehen, was das bedeutet. Eigensinnig sein heisst, dass man etwas Verbotenes zu tun wünscht oder tatsächlich tut, nur weil es verboten ist. Und es ist ein Fall von Eigenwillen, wenn jemand sieht, dass Sie etwas zu tun versuchen, das Sie nicht zu tun verstehen, und möchte Ihnen helfen, aber Sie sagen, «Nein, ich will es selbst tun». Dies sind die zwei Typen von Willen, die wir haben. Sie beruhen auf Opposition. Wahrer Wille muss auf Bewusstsein, Wissen und Permanentem «Ich» beruhen. So wie wir sind, haben wir keinen. Alles, was wir haben, sind Eigenwille und Eigensinn. Unser Wille ist das Ergebnis von Wünschen. Wünsche können sehr gut verborgen sein. Zum Beispiel mag ein Mensch jemanden kritisieren wollen, und er nennt es Aufrichtigkeit. Aber der Wunsch zu kritisieren mag so stark sein, dass er eine wirklich grosse Anstrengung unternehmen müsste, um ihn zu stoppen, und ein Mensch kann keine wirklichen Anstrengungen aus sich selbst machen.

Um Willen zu erzeugen, muss ein Mensch versuchen, jede einzelne seiner Handlungen mit den Ideen der Arbeit zu koordinieren; er muss sich bei jeder Handlung fragen: Wie wird es vom Gesichtspunkt der Arbeit her aussehen? Ist es nützlich oder schädlich für mich oder für die Arbeit? Wenn er es nicht weiss, kann er fragen. Wenn ein Mensch lange in der Arbeit gewesen ist, gibt es praktisch keine einzige Handlung, die nicht die Arbeit berührte; es gibt keine unabhängigen Handlungen. In dieser Hinsicht ist man nicht frei, in dem Sinne, dass man nicht töricht und wahllos handeln kann. Man *muss* denken, bevor man handelt. Wenn man nicht sicher ist, kann man fragen. Dies ist die *einzige* Methode, mit der Wille erzeugt werden kann, und für diese Methode ist Schul-Organisation notwendig. Ohne Schule kann man nichts tun.

Frage. Als Sie über Willen sprachen, sagten Sie, dass es zuerst der Wille anderer Leute und später unser eigener Wille sei. Wie werden wir unter den Willen anderer Leute gelangen?

Ouspensky. Wenn Sie mit der zweiten und dritten Linie von Arbeit in Berührung kommen, kommen Sie notwendigerweise mit dem Willen anderer in Berührung.

Frage. Bedeutet das Stoppen negativer Gefühle und deren Äusserung nicht mehr oder weniger dasselbe wie das Aufgeben des Eigensinns?

Ouspensky. Warum wollen Sie einen Sachverhalt in einen anderen übersetzen? Eigenwille kann auch ohne eine bestimmte Verbindung zu negativen Gefühlen viele Formen haben.

Frage. Es scheint mir, dass man bekommt, was man möchte, wenn man den Eigenwillen aufgibt; dass man das gewünschte Ergebnis erzielt, indem man den Wunsch aufgibt.

Ouspensky. Das ist nicht Eigenwille. Eigenwille umfasst nicht alles, was Sie möchten. Wenn Sie hungrig sind und essen wollen, dann ist das kein Eigenwille. Eigenwille heisst vorzuziehen, nach eigenem Gutdünken zu handeln und in unserem Fall, nicht die Arbeit und die Prinzipien der Arbeit in Betracht zu ziehen. Wir sprechen von Prinzipien der Arbeit und Eigenwillen. Wir können Dinge auf unsere eigene Art tun oder nicht. Wenn mein Eigenwille zum Beispiel dahin geht zu fluchen, und ich gebe es auf, weil es gegen die Arbeitsprinzipien verstösst, wo sind da die erwünschten Ergebnisse, von denen Sie sprechen?

Wie ich zuvor sagte, ist Eigenwille immer mit eigenen Ansichten verknüpft, ein Mensch glaubt immer, er wisse etwas. Dann kommt er zur Schule und erkennt, dass er nichts weiss. Aus diesem Grund ist Vorbereitung nötig für die Schule. Man steckt gewöhnlich voller eigener Meinungen und Eigenwillen. Eigenwille ist wie ein Kind, das sagt, «Ich weiss es selbst; ich will es selbst machen». Eigenwille hat viele Merkmale. Es wird gesagt, man solle etwas nicht tun, und sofort will man es tun; es wird gesagt, etwas sei falsch, und sofort sagt man, «Nein, ich weiss es besser». Ein Mensch, der zu einer Schule kommt, muss bereit sein, die Lehren und die Disziplin der Schule zu akzeptieren; er muss frei sein, sie zu akzeptieren, andernfalls wird er nichts bekommen. Er kann keinen Willen erwerben, wenn er nicht den Eigenwillen aufgibt; genauso, wie er kein Wissen erwerben kann, wenn er nicht seine eigenen Ansichten aufgibt.

Frage. Muss man den Eigenwillen selbst brechen oder ihn brechen lassen?

Ouspensky. Man muss es selbst tun, und man muss ihn ausreichend gebrochen haben, um in einer Schule zu sein. Man muss ausreichend frei davon sein, um Dinge ohne einen Kampf akzeptieren zu können. Man kann nicht alle alten Ansichten und Meinungen behalten und neue erwerben. Man muss ausreichend offen sein, um die alten aufzugeben, zumindest eine Zeit lang. Man muss fähig sein, die Notwendigkeit von Disziplin einzusehen. Wille kann nicht erzeugt werden, wenn man nicht eine gewisse Disziplin akzeptiert.

Ouspensky. Nehmen Sie an, ein Mensch würde durch jemand anderen bewusst gemacht; er wird zu einem Instrument in den Händen anderer. Die eigenen Anstrengungen sind notwendig, denn sonst wird ein Mensch, auch wenn er bewusst gemacht wurde, nicht in der Lage sein, sein Bewusstsein anzuwenden. Es liegt in der Natur der Sache, dass Bewusstsein und Wille nicht geschenkt werden können. Man muss alles erkaufen; nichts wird umsonst gegeben. Das schwierigste ist zu lernen, wie man bezahlen kann. Man bekommt genau so viel, wie man bezahlt, aber wenn dies in wenigen Worten erklärt werden könnte, bräuchte man nicht zur Schule zu gehen.

Wenn Sie verstehen, was Entwicklung bedeutet, werden Sie sehen, dass der Mensch sich nur durch seine eigenen Anstrengungen entwickeln kann. Der Wille kann sich nicht mechanisch entwickeln; Bewusstsein kann sich nicht unbewusst entwickeln, es kann nicht aus nichts heraus wachsen; man muss für alles bezahlen. Das führt uns wieder zu Schulen und der Frage, warum man für eine Schule bereit sein muss. Man muss seine Situation erkennen und bereit sein zu bezahlen. Je mehr man bereit ist zu bezahlen, desto mehr erwirbt man. Nichts kann geschenkt werden. Dasselbe gilt für Mitleid. Wenn man etwas besitzt und es schenken möchte, so kann man das nicht. Die Natur der Sache, die man geben möchte, ist so beschaffen, dass die Leute dafür bezahlen *müssen.* Man kann sie nicht dazu veranlassen, sie anzunehmen; sie müssen sie sehr stark wollen und bereit sein, dafür zu bezahlen. Es gibt keinen anderen Weg. Nur dann kann sie ihr Eigentum werden; anderenfalls ist sie verloren.

Bezahlen ist etwas völlig anderes als Geld geben oder etwas ähnliches. Bezahlen ist ein Prinzip. Geld und Dienste zu geben ist eine Frage der Möglichkeit. Unglücklicherweise gibt es nur das eine Wort «Bezahlen», so dass es in unterschiedlichem Sinn verwandt werden muss. Bezahlen mit Geld hängt hauptsächlich vom Verständnis ab, teilweise von der Möglichkeit. Die andere Bezahlung ist wichtiger, und man muss verstehen, dass sie unbedingt notwendig ist.

Frage. Ich merke, dass ich für unmittelbare Ergebnisse arbeite, nicht dafür, aufzuwachen. Ist das ein falsches Ziel?

Ouspensky. Es ist hier keine Frage von richtig und falsch; es geht lediglich darum, Ihr Ziel zu kennen. Das Ziel muss immer in der Gegenwart liegen und sich auf die Zukunft beziehen.

Frage. Der Versuch, mein Ziel zu definieren, hat mir gezeigt, dass ich nicht weiss, was es ist und dass ich es herausfinden muss, bevor ich weiterkommen kann.

Ouspensky. Ich fürchte, Sie denken nur auf eine abstrakte Art darüber nach. Stellen sie sich einfach vor, Sie gingen in ein grosses Geschäft mit vielen verschiedenen Abteilungen. Sie müssen wissen, was Sie kaufen wollen. Wie können Sie etwas bekommen, wenn Sie nicht wissen, was Sie wollen? Auf diese Art müssen wir das Problem angehen. Die erste Frage ist: *Was* wollen Sie? Wenn Sie dies einmal wissen, wird die nächste Frage lauten: Lohnt es sich, dafür zu bezahlen und haben Sie genug Geld? Aber die erste Frage ist: «Was?»

Bezahlung ist ein sehr wichtiges Prinzip in der Arbeit und es muss verstanden werden, dass sie absolut notwendig ist. Ohne Bezahlung können Sie nichts bekommen; und Sie können nur so viel bekommen, wie Sie bezahlen – nicht mehr.

In Petersburg wurde die Frage gestellt: «Wenn man mehr und mehr und mehr bezahlt, soundso viel, kann man etwas bekommen?» Das bedeutet Opfer. Aber es darf nicht zu viel Eigenwille da sein, nicht einmal in bezug auf Opfer.

Frage. Können wir in unserem gegenwärtigen Zustand beurteilen, was eine moralische Handlung ist?

Ouspensky. Es ist sehr leicht, Fehler zu machen, aber gleichzeitig können wir dies beurteilen. Wir beginnen erst. Je grösser unsere Kontrolle, desto grösser unser Bewusstsein: und Bewusstsein in diesem Sinne umfasst Willen. In unserem gewöhnlichen Zustand, ohne Kontrolle, können wir nur über herkömmliche Moral sprechen, aber wenn wir einige Kontrolle haben, werden wir verantwortlicher. Je unbewusster wir sind, desto mehr mögen unsere Handlungen im Widerspruch zur Moral stehen. Auf jeden Fall ist die erste Bedingung für moralisches Handeln, dass es bewusst sein muss.

Negative Gefühle

Eine Synthese einiger der Reden und Schriften P. D. Ouspenskys über das Thema Negative Gefühle

Vorwort

Unser Ausgangspunkt in dieser Synthese ist, dass im gewöhnlichen Leben alles, was wir *fühlen*, eingebildet ist, und dass es, auch wenn es nicht unmittelbar unangenehm ist, jeden Augenblick dazu neigt, so zu werden. Ziel der Synthese ist zu zeigen, daß es Methoden gibt, viele dieser eingebildeten und negativen Gefühle schnell zu reduzieren; Möglichkeiten, die meisten von ihnen schrittweise zu beseitigen, und entfernte Möglichkeiten, unsere eingebildeten und negativen Gefühle durch reale und positive Gefühle zu ersetzen. Die Synthese stammt aus unveröffentlichten Reden und Schriften P. D. Ouspenskys mit Ausnahme weniger Begriffsbeschreibungen, die der privat gedruckten Ausgabe seiner *Psychologischen Vorlesungen*, 1934–40, entnommen wurden. So weit wie möglich – und das heisst beinahe immer – sind Ouspenskys tatsächliche Worte verwendet worden. Bei Änderungen, die notwenig waren, um das Material in ungebrochener Form darzubieten, wurde darauf geachtet, Ouspenskys Ansichten nicht zu verzerren oder irgendwelche Ausschmückungen hinzuzufügen.

Inhalt

1

Der Begriff «negative Gefühle» meint alle Gefühle der Gewalt oder Depression: Selbstmitleid, Ärger, Argwohn, Furcht, Verdruss, Langeweile, Misstrauen, Eifersucht und so weiter. Gewöhnlich akzeptiert man den Ausdruck negativer Gefühle als völlig natürlich und sogar notwendig. Sehr häufig nennt man ihn «Offenheit». Natürlich hat er nichts mit Offenheit zu tun; er ist lediglich ein Zeichen von Schwäche im Menschen, ein Zeichen schlechter Laune und der Unfähigkeit, seine Beschwerden für sich zu behalten. Der Mensch erkennt dies, wenn er dem zu widerstehen versucht, und lernt hieraus eine andere Lektion. Er erkennt, dass es in bezug auf mechanische Reaktionen nicht reicht, sie zu beobachten, es ist notwendig, ihnen zu widerstehen, denn ohne ihnen zu widerstehen, kann man sie nicht beobachten. Sie geschehen so schnell, so gewohnheitsmässig und so unmerklich, dass man sie nicht bemerken kann, wenn man nicht ausreichende Anstrengungen unternimmt, Widerstände für sie zu schaffen.

Diese negativen Gefühle sind eine schreckliche Erscheinung. Sie nehmen einen enormen Raum in unserem Leben ein. Von vielen Leuten kann man sagen, dass ihr ganzes Leben von negativen Gefühlen reguliert, kontrolliert und letztlich ruiniert wird. Gleichzeitig spielen negative Gefühle in unserem Leben überhaupt keine nützliche Rolle. Sie dienen nicht unserer Orientierung, sie vermitteln uns kein Wissen, sie leiten uns in keiner vernünftigen Weise. Im Gegenteil, sie verderben all unser Vergnügen, sie machen uns das Leben zur Last, und sie verhindern sehr effektiv unsere mögliche Entwicklung, denn es gibt nichts Mechanischeres in unserem Leben als negative Gefühle.

Negative Gefühle können niemals unter unsere Kontrolle kommen. Leute, die denken, sie könnten ihre negativen Gefühle beherrschen und sie zeigen, wenn sie es wollen, täuschen sich einfach selbst.

Negative Gefühle beruhen auf Identifikation*; wenn in einem besonderen Fall die Identifikation zerstört wird, verschwinden sie. Der seltsamste und fantastischste Umstand an negativen Gefühlen ist der, dass die Leute sie wahrhaftig anbeten. Das schwierigste, was ein gewöhnlicher, mechanischer Mensch erkennen kann, ist, dass seine negativen Gefühle und die anderer Leute überhaupt keinen Wert haben und nichts Edles, nichts Schönes oder Starkes enthalten. In Wahrheit beinhalten negative Gefühle nichts als Schwäche und sehr oft den Beginn von Hysterie, Krankheit oder Verbrechen. Das einzig Gute an ihnen ist, dass sie ohne Verlust zerstört werden können, da sie völlig nutzlos und künstlich aus Einbildung und Identifikation geschaffen sind – und dies ist die einzige Chance, die der Mensch hat, ihnen zu entkommen.

In Wirklichkeit haben wir viel mehr Macht über negative Gefühle, als wir glauben, besonders wenn wir bereits wissen, wie gefährlich sie sind, und wie dringend notwendig es ist mit ihnen zu kämpfen. Aber wir finden zu viele Entschuldigungen für sie und schwimmen in einem Meer von Selbstmitleid oder Selbstsucht, wie es gerade sein mag, und entdecken Fehler an allem ausser an uns selbst.

*«Identifizieren» oder «Identifikation» ist ein merkwürdiger Zustand, in dem der Mensch ungefähr die Hälfte seines Lebens verbringt, während die andere Hälfte in vollständigem Schlaf zugebracht wird. Er identifiziert sich mit allem: mit dem, was er sagt, was er fühlt, was er glaubt, was er nicht glaubt, was er wünscht, was er nicht wünscht, was ihn anzieht, was ihn abstösst. Alles wird *er,* oder besser, *er* wird *es.* Er wird zu allem, was er mag, und was er ablehnt. Das bedeutet, dass der Mensch im Zustand der Identifikation unfähig ist, sich gesondert vom Objekt seiner Identifikation zu sehen. Es wäre schwer, auch nur das Kleinste zu finden, mit dem der Mensch sich nicht identifizieren könnte. Gleichzeitig hat der Mensch in einem Zustand der Identifikation sogar noch weniger Kontrolle über seine mechanischen Reaktionen als zu jeder anderen Zeit. Identifikation, ihre Bedeutung, Ursachen und Wirkungen, wird äusserst gut in *Writings from the Philokalia* von E. Kadloubovsky und G. E. Palmer, London 1951, S. 338, Par. 34 - 6, beschrieben.

2

Bevor weiteres über negative Gefühle gesagt werden kann, sollten wir ganz kurz die grundlegende Vorstellung rekapitulieren, auf der unser Studium des Menschen gründet. Der Mensch, wie wir ihn kennen, ist kein vollständiges Wesen; die Natur entwickelt ihn bis zu einem bestimmten Punkt und überlässt es dann ihm, sich entweder aus seinen eigenen Anstrengungen und Mitteln weiter zu entwickeln oder so zu leben und zu sterben, wie er geboren worden ist. Der Mensch schreibt sich viele Kräfte, Fähigkeiten und Eigenschaften zu, die ihm nicht gehören, und die ihm niemals gehören werden, ehe er sich nicht zu einem fertigen Wesen entwickelt hat. Der Mensch erkennt nicht, dass er in Wirklichkeit eine Maschine ist, ohne unabhängige Bewegungen, die durch äussere Einflüsse in Gang gesetzt wird. Die wichtigste der Qualitäten, die der Mensch sich zuschreibt, aber nicht besitzt, ist Bewusstsein. Mit Bewusstsein meinen wir eine besondere Art von Gewahrsein im Menschen, Gewahrsein seiner selbst, Gewahrsein dessen, was er ist, was er fühlt oder denkt oder was er im Augenblick ist. Sie müssen daran denken, dass der Mensch nicht die ganze Zeit über gleichmässig bewusst ist, und dass wir, entsprechend der Art, auf die wir den Menschen studieren, berücksichtigen, dass er die Möglichkeit zu vier Bewusstseinszuständen hat. Diese sind: *Schlaf, Wachzustand oder relatives Bewusstsein, der dritte Bewusstseinszustand oder Selbstbewusstsein* und *der vierte Bewusstseinszustand oder objektives Bewusstsein,* aber im gewöhnlichen Leben weiss der Mensch nichts vom objektiven Bewusstsein, und keine Experimente in dieser Richtung sind möglich. Tatsächlich lebt der Mensch nur in zwei Zuständen: Einen Teil seines Lebens verbringt er im Schlaf und den anderen in dem, der Wachzustand genannt wird, obwohl er sich in Wirklichkeit nur sehr wenig vom Schlaf unterscheidet. Wenn wir von Bewusstsein sprechen, beziehen wir uns daher auf einen Zustand grösseren Bewusstseins als unseren gewöhnlichen Wachzustand. Wir haben keine Herrschaft über diesen Zustand, aber wir haben eine gewisse Kontrolle über die

Art, wie wir darüber denken, und wir können unser Denken dergestalt aufbauen, dass es Bewusstsein bringt. Indem wir unseren Gedanken eine Richtung geben, die sie in einem Augenblick des Bewusstseins hätten, können wir Bewusstsein hervorrufen. Diese Praktik nennen wir *Selbst-Erinnern.**

Weiterhin sprachen wir in bezug auf unser Studium des Menschen von der Notwendigkeit, die vier Hauptfunktionen der menschlichen Maschine zu verstehen – Denken, Fühlen, Bewegung, Instinkt – und zu versuchen, die Qualitätsunterschiede ihrer Manifestation in jedem der drei Bewusstseinszustände zu beobachten. Alle vier Funktionen können sich im Schlaf manifestieren, aber ihre Manifestationen sind flüchtig und unzuverlässig; sie können in keiner Weise benutzt werden, sie laufen von alleine ab. Im Zustand des relativen Bewusstseins oder Wachzustands können sie in einem gewissen Ausmass unserer Orientierung dienen. Ihre Ergebnisse können verglichen, überprüft, in richtige Ordnung gebracht werden, und obwohl sie viele Illusionen erzeugen können, haben wir in unserem gegenwärtigen Zustand nichts anderes und müssen das Beste aus ihnen machen. Wenn wir die Menge falscher Beobachtungen, falscher Theorien, falscher Schlüsse und Ableitungen kennen würden, die in diesem Zustand gemacht werden, würden wir ganz und gar aufhören, uns zu glauben. Aber die Menschen erkennen nicht, wie trügerisch ihre Beobachtungen und ihre Theorien sein können, und sie glauben weiterhin an sie. Gerade dies hält den Menschen davon ab, die seltenen Augenblicke zu beobachten, wenn ihre Funktionen sich in Verbindung mit Schimmern des dritten Bewusstseinszustandes oder Selbstbewusstseins manifestieren.

Funktionen zu beobachten, ist eine lange Arbeit. Man muss für jede zahlreiche Beispiele finden. Beim Studium beginnen wir zu verstehen, dass wir nicht alles auf derselben Ebene studieren können, dass wir uns nicht selbst unbefangen beobachten können. Wir sehen unweigerlich, dass einige Funktionen vom Ge-

* Selbst-Erinnern wird in *Auf der Suche nach dem Wunderbaren* von P. D. Ouspensky, Bern, München, Wien 1966, S. 168 ff. beschrieben.

sichtspunkt unseres Ziels aus richtig und andere unerwünscht sind. Und wir müssen ein Ziel haben, sonst kann kein Studium irgendwelche Ergebnisse bringen. Wenn wir erkennen, dass wir schlafen, ist das Ziel aufzuwachen; wenn wir erkennen, dass wir Maschinen sind, ist das Ziel, aufzuhören Maschinen zu sein. Wenn wir bewusster sein wollen, müssen wir darüber nachdenken, was uns davon abhält, uns unserer selbst zu erinnern. Also müssen wir eine bestimmte Wertung der Funktionen von dem Gesichtspunkt aus einführen, ob sie für das Selbst-Erinnern nützlich oder schädlich sind.

Wenn Sie eine ernsthafte Anstrengung unternehmen, Funktionen um ihrer selbst willen zu beobachten, werden Sie Eines erkennen. Sie werden erkennen, dass Sie sich für gewöhnlich bei allem, was Sie tun, bei allem, was Sie denken, bei allem, was Sie fühlen, nicht Ihrer selbst erinnern. Gleichzeitig werden Sie merken, dass Sie, wenn Sie für eine ausreichend lange Zeit genügende Anstrengungen unternehmen, Ihre Fähigkeit zum Selbst-Erinnern steigern können. Sie werden beginnen, sich Ihrer selbst häufiger und tiefer zu erinnern; Sie werden beginnen, sich Ihrer selbst in Verbindung mit mehr Ideen zu erinnern, wie der Idee des Bewusstseins, der Idee der Arbeit und der Idee des Selbst-Studiums.

Die Frage ist: Wie sollen wir uns unserer selbst erinnern, wie sollen wir uns unserer selbst gewahrer werden?

Wenn Sie ernsthaft über negative Gefühle nachdenken, werden Sie merken, dass sie die Hauptfaktoren sind, die uns am Selbst-Erinnern hindern. Also kann das Eine nicht ohne das Andere gehen. Sie können keine negativen Gefühle bekämpfen, ohne sich Ihrer selbst mehr zu erinnern, und Sie können sich Ihrer selbst nicht mehr erinnern, ohne mit negativen Gefühlen zu kämpfen.

3

Um den Kampf mit negativen Gefühlen aufzunehmen, muss man zuallererst erkennen, dass es kein einziges nützliches negatives Gefühl gibt. Negative Gefühle sind alle gleich übel und ein Zeichen von Schwäche. Als nächstes müssen wir erkennen, dass wir mit ihnen kämpfen *können,* dass sie besiegt und zerstört werden können, weil es kein wirkliches Zentrum für sie gibt. Wenn es ein wirkliches Zentrum für sie gäbe, hätten wir keine Chance; wir blieben für immer in der Gewalt negativer Gefühle. Zu unserem Glück existieren sie in einem künstlichen Zentrum, das zerstört und aufgegeben werden kann, und dann werden wir uns viel besser fühlen; aber wir haben so viele Überzeugungen, Vorurteile und sogar Prinzipien hierüber, dass es schwer ist, sich von der Vorstellung zu befreien, negative Gefühle seien notwendig und obligatorisch. Solange wir glauben, dass sie notwendig, unvermeidlich und für den Selbstausdruck und vieles andere nützlich seien, können wir nichts ausrichten. Ein gewisser geistiger Kampf ist notwendig, um zu erkennen, dass negative Emotionen völlig unnütz sind, dass sie keine brauchbare Funktion in unserem Leben haben und dass doch gleichzeitig das ganze Leben auf ihnen beruht. Genau dies erkennt niemand.

Eine der stärksten Illusionen ist der Glaube, negative Gefühle würden von äusseren Umständen bewirkt, und wir sprechen davon, «aus einem völlig gerechten Grund» ärgerlich zu sein, aber alle negativen Gefühle sind in uns, *in unserem Inneren.* Bevor wir mit ihnen zu kämpfen beginnen können, müssen wir erkennen, dass es keine berechtigten Gründe gibt, ärgerlich zu sein. Wir glauben – und wir glauben es gerne – dass unsere negativen Emotionen entweder durch den Fehler anderer Leute oder durch den Fehler der Umstände bewirkt werden. Das ist eine Illusion. Mein Ärger liegt nicht im Anlass, sondern in mir. Ihr Ärger liegt nicht im Anlass, er ist in Ihnen. Die Gründe für negative Gefühle liegen nicht in äusseren Anlässen, sie liegen in uns selbst. Es gibt absolut keinen einzigen unvermeidbaren Grund, warum die Handlung eines anderen oder gewisse Umstände negative Gefühle in mir produzieren sollten. Es ist allein meine Schwäche.

Wenn Sie sich selbst beobachten, werden Sie sehen, dass die äusseren Gründe, obwohl sie dieselben bleiben, manchmal negative Gefühle in Ihnen bewirken und manchmal nicht. Der Grund hierfür ist, dass der wahre Anlass für negative Gefühle in Ihnen liegt und das äussere Ereignis nur der scheinbare Grund ist. Wenn Sie in einem guten Zustand sind, wenn Sie sich Ihrer selbst erinnern, wenn Sie sich nicht identifizieren, dann – relativ gesprochen und Katastrophen ausgenommen – kann nichts, das draussen geschieht, ein negatives Gefühl in Ihnen bewirken. Wenn Sie in einem schlechten Zustand sind, identifiziert, in einer Einbildung versunken oder etwas Ähnliches, dann wird alles, was nur ein wenig unangenehm ist, ein heftiges Gefühl in Ihnen hervorrufen.

In einem Versuch zu zeigen, dass negative Gefühle durch äussere Anlässe hervorgerufen werden, werden manchmal Fragen über Dinge wie Trauer beim Tod eines Freundes und andere Arten von Leiden gestellt. Leiden ist an sich kein negatives Gefühl. Es kann nur dann ein negatives Gefühl bewirken, wenn Sie sich damit identifizieren. Leiden kann wirklich sein; negative Gefühle sind nicht wirklich. Schliesslich nimmt Leid einen sehr kleinen Teil des Lebens ein, aber negative Gefühle nehmen einen grossen Teil ein – sie erfüllen das gesamte Leben. Und warum? Weil wir sie rechtfertigen. Wir glauben, sie würden durch einen äusseren Grund bewirkt. Gewiss sind Leute, die voller negativer Gefühle und Negativität stecken, geeignet, ähnliche Reaktionen in anderen Leuten hervorzurufen, aber man muss lernen, sich in solchen Fällen durch Selbst-Erinnern und Nicht-Identifizieren abzusondern und gleichzeitig zu erkennen, dass Absonderung nicht Gleichgültigkeit bedeutet. Wenn wir wissen, dass negative Gefühle nicht von äusseren Anlässen bewirkt werden können, verschwinden die meisten von ihnen. Aber die erste Bedingung ist, dass wir voll erkennen müssen, dass sie *nicht* durch äussere Ursachen bewirkt werden *können,* wenn wir sie nicht zu haben wünschen. Es gibt sie für gewöhnlich, weil wir sie zulassen, ihre Gegenwart als die Schuld von äusseren Anlässen erklären, so dass wir nicht mit ihnen kämpfen. Negative Gefühle können nicht ohne Einbildung existieren. Einfach Schmerzen zu erleiden, ist keine negative Emotion, aber wenn Einbildung und Identifikation hinzu kommen, werden sie zu einem negativen Gefühl. Emotionaler Schmerz, wie körperlicher Schmerz, ist an sich kein negatives Gefühl, aber wenn wir beginnen, ihn auf allerlei Art auszuschmücken, wird er es.

4

Später werden wir zu Methoden kommen, um mit Gefühlen selbst zu kämpfen, denn es gibt viele und bestimmte Methoden, die für unterschiedliche Gefühle verschieden sind, aber zuerst müssen wir mit Identifikation und Einbildung kämpfen. Die Leute schreiben dem Wort Einbildung eine völlig künstliche und ganz unverdiente Bedeutung zu, im Sinne einer kreativen oder selektiven Fähigkeit. Einbildung ist eine zerstörerische Fähigkeit, die nicht beherrscht werden kann. Wir beginnen, uns etwas einzubilden, um uns selbst zu gefallen, und sehr oft fangen wir an, es zu glauben, oder zumindest einen Teil davon. Einbildung besteht im allgemeinen darin, sich irgendein Wissen, eine Kraft, eine Qualität zuzuschreiben, die man nicht besitzt. Dies ist eine gefährliche Einbildung, während es harmlos und sogar angenehm sein kann, sich Dinge einfach in den Sinn kommen zu lassen oder sich Tagträumen hinzugeben, solange dies frei von Identifikation geschieht. Dieser Kampf mit Identifikation und Einbildung reicht aus, viele der üblichen negativen Gefühle zu zerstören – auf jeden Fall, sie viel leichter zu machen. Sie müssen hiermit anfangen, denn Sie können nur dann mit dem Einsatz stärkerer Methoden gegen negative Gefühle angehen, wenn Sie zu einem gewissen Ausmass mit Identifikation kämpfen können, und wenn Sie negative Einbildung bereits gestoppt haben. Damit muss vollständig aufgehört werden. Es ist zwecklos, weitere Methoden zu lernen, bevor dies getan ist. Wenn Sie versuchen, Einbildung zu beseitigen, besteht keine Gefahr, wirkliches Fühlen auszuschliessen; wenn es echt ist, kann es nicht beseitigt werden. Negative Gefühle *können* Sie stoppen, und alleine das Studium der Identifikation wird sie bereits vermindern, aber der wirkliche Kampf mit negativen Gefühlen selbst beginnt später. Er beruht zu allererst auf richtigem Verstehen, wie sie erzeugt werden, was hinter ihnen steht, wie nutzlos sie sind, und wieviel Sie verlieren, weil Sie sich das Vergnügen erlauben, negative Gefühle zu haben. Wenn Sie erkennen, wieviel Sie verlieren, werden Sie vielleicht genug Energie haben, etwas dagegen zu unternehmen.

5

Sie müssen verstehen, dass das Stoppen des *Ausdrucks* negativer Gefühle und der Kampf mit den negativen Gefühlen selbst zwei völlig verschiedene Unterfangen sind. Zuerst kommt der Versuch, den Ausdruck zu stoppen. Sie können nichts an den negativen Gefühlen selbst ändern, bis Sie gelernt haben, deren Ausdruck zu stoppen. Wenn Sie eine gewisse Kontrolle über den Ausdruck negativer Emotionen erlangt haben, können Sie beginnen, negative Gefühle selbst zu studieren. Sie können versuchen, Ihre negativen Gefühle zu klassifizieren. Sie können herausfinden, welche negativen Gefühle Sie hauptsächlich haben; warum sie kommen, was sie herbeiführt und so weiter. Sie müssen verstehen, dass Ihre einzige Kontrolle über negative Gefühle durch Ihren Verstand geht, aber die Kontrolle tritt nicht unmittelbar auf. Wenn Sie sechs Monate lang richtig denken, werden die negativen Gefühle angegriffen sein, denn sie beruhen auf falschem Denken. Wenn Sie heute richtig zu denken beginnen, werden sich die negativen Gefühle nicht morgen geändert haben; aber negative Gefühle können sich innert sechs Monaten geändert haben, wenn Sie jetzt anfangen, richtig zu denken. Das Gelände muss erst vorbereitet werden. Wenn Sie lernen können, eine richtige Einstellung Ihrer Reizbarkeit gegenüber zu erzeugen, Ihrer schlechten Laune, Ihrem Misstrauen oder welch unangenehmes Gefühl auch immer Sie am häufigsten erleben – dann wird Ihnen diese Einstellung, nach einiger Zeit helfen, das negative Gefühl im Keim zu ersticken. Nachdem es einmal einen Anfang nehmen durfte, können Sie es nicht mehr stoppen. Wenn Sie dasselbe einmal auszudrücken beginnen, sind Sie in seiner Gewalt. Der Kampf muss in Ihrem Verstand beginnen, und Sie müssen Ihren Weg finden, über einen bestimmten Gegenstand nachzudenken. Sie können Ihre Laune nicht kontrollieren, wenn sie bereits zum Vorschein kommt. Es ist schon zu spät; sie ist bereits herausgesprungen. Sie können so etwas wie Gefühlsausbrüche zum Beispiel nur auf eine Art beherrschen. Nehmen Sie an, Sie sollen einen bestimmten Menschen treffen, und nehmen Sie an, er reizt Sie. Wann immer Sie ihm begegnen, neigt Ihr Temperament dazu, sich zu zeigen. Sie mögen es nicht, aber wie können Sie es stoppen? Sie müssen bei der Analyse Ihres Denkens anfangen. Was *denken* Sie über diesen Menschen – nicht, was Sie *fühlen,* wenn Sie gereizt sind, sondern was denken Sie in ruhigen Augenblicken über ihn? Sie mögen herausfinden, dass Sie innerlich mit ihm argumentieren; Sie beweisen ihm, dass er unrecht hat; Sie sagen ihm all seine Fehler; Sie finden allgemein, dass er sich Ihnen gegenüber falsch beträgt. Eben hierin haben Sie unrecht. Sie müssen lernen, richtig zu denken; Sie müssen den Weg finden, richtig zu denken. Wenn Ihnen das gelingt, wird folgendes geschehen: Obwohl das Gefühl viel schneller als der Gedanke ist, ist das Gefühl etwas Vorübergehendes, kann der Gedanke beständig gemacht werden; jedesmal, wenn das Gefühl herausspringt, trifft es auf diesen beständigen Gedanken und kann sich nicht weiter manifestieren. Daher können Sie mit dem Ausdruck negativer Gefühle, wie in diesem Beispiel, nur kämpfen, wenn Sie beständiges, richtiges Denken schaffen. Wir werden jetzt zu der Frage zurückkehren, was mit richtigem Denken und richtiger Einstellung als Waffen gegen negative Gefühle gemeint ist.

6

Lassen Sie mich wiederholen, dass Sie als allererstes verstehen *müssen,* wie falsch negative Gefühle sind, wie unnütz sie sind, und dann müssen Sie verstehen, dass sie nicht ohne Identifikation bestehen können. Sie werden lange brauchen, um dies zu erkennen, aber wenn Sie so weit sind, müssen Sie versuchen, Ihre negativen Gefühle in drei Kategorien einzuteilen. Erstens, die mehr oder weniger gewöhnlichen, alltäglichen negativen Gefühle, die sehr oft vorkommen und immer mit Identifikation verbunden sind. Gewiss müssen Sie sie beobachten, und Sie müssen bereits ein gewisse Kontrolle über ihren Ausdruck haben. Dann müssen Sie anfangen, sich mit ihnen zu befassen, indem Sie versuchen, sich nicht zu identifizieren, indem Sie Identifikation so weit wie möglich vermeiden, nicht nur in bezug auf diese Gefühle, sondern in bezug auf alles. Wenn Sie in sich die Fähigkeit erschaffen, sich nicht zu identifizieren, so wird das diese Gefühle angreifen und Sie werden merken, dass sie anfangen zu verschwinden.

Die zweite Kategorie taucht nicht täglich auf. Sie sind die schwierigeren, komplizierteren Gefühle und beruhen auf irgendwelchen mentalen Vorgängen – Misstrauen, verletzte Gefühle und vieles Ähnliche. Sie sind schwieriger zu bewältigen. Sie können mit ihnen umgehen, indem Sie mittels Denken eine richtige geistige Einstellung hervorbringen – nicht dann, wenn Sie sich in einem negativen Gefühl gefangen finden, sondern in der Zwischenzeit, wenn Sie ruhig sind. Versuchen Sie, die richtige Einstellung, den richtigen Gesichtspunkt zu finden und ihn beständig zu machen. Wenn Sie richtiges Denken schaffen, wird das alle Kraft von diesen negativen Gefühlen nehmen.

Dann gibt es eine dritte Kategorie, viel heftiger, viel schwieriger und sehr selten. Gegen sie können Sie nichts tun. Diese zwei Methoden – Kampf mit Identifikation und Erzeugen richtiger Einstellungen – helfen nicht. Wenn solche Gefühle kommen, können Sie nur eines tun: Sie müssen versuchen, sich Ihrer selbst zu erinnern; sich Ihrer selbst mit Hilfe des Gefühls zu erinnern.

Das wird sie nach einiger Zeit ändern. Aber hierfür müssen Sie vorbereitet sein; es ist etwas ganz Besonderes.

7

Wir untersuchen uns nicht von dem Gesichtspunkt aus, was wir sind, sondern was wir werden können, so dass wir somit, wenn wir bestimmte Dinge ausreichend studiert haben, daran arbeiten, sie zu ändern. Ausreichend ernsthaftes Studium bewirkt in sich selbst eine Änderung, aber alle Ergebnisse dieses Wandels können durch bestimmte negative Gefühle verdorben werden. Wenn Sie diese Arbeit der Selbst-Änderung beginnen, ohne negative Gefühle zu bewältigen, wird eine Ihrer Seiten arbeiten und eine andere Seite wird Ihre Arbeit verderben, so dass Sie sich nach einiger Zeit in einem schlimmeren Zustand als zuvor befinden können. Es ist bereits mehrmals Leuten, die ihre negativen Gefühle zu behalten wünschten, geschehen, dass ihnen die Fortführung dieser Arbeit unmöglich wurde. Es gab Augenblicke, da sie die Gefährlichkeit ihrer negativen Gefühle erkannten, aber sie versäumten, während dieser Momente ausreichende Anstrengungen zu unternehmen, und die negativen Gefühle wurden stärker. Es wurde bereits erklärt, dass eine richtige Einstellung den negativen Gefühlen gegenüber die meisten von ihnen zerstört. Wenn wir die Vernichtung der Ergebnisse unserer Arbeit vermeiden müssen, ist es wichtig, dass wir diese Einstellung von Anfang an zu kultivieren lernen.

Eine richtige Einstellung einem Gegenstand gegenüber ist das Ergebnis richtigen Denkens über den bestimmten Gegenstand. Viele Menschen leben beispielsweise von Einwänden; sie halten sich nur dann für klug, wenn sie in bezug auf etwas einen Einwand finden. Wenn sie keinen Einwand finden, dann haben sie nicht das Gefühl, zu arbeiten, zu denken oder sonst etwas zu tun. Noch einmal: Beinahe alle unsere persönlichen negativen Gefühle beruhen auf Vorwürfen und der Annahme, dass jemand anderer schuld ist. Wenn wir durch beharrliches Denken erkennen, dass niemand anderer in bezug auf uns schuldig sein kann und wir der Grund für alles sind, was uns geschieht, wird sich unsere Einstellung jenen Gefühlen der Anklage gegenüber verändern. Schliesslich kann dies richtige Denken, dies Hervorbringen einer richtigen Einstellung oder eines richtigen Gesichtspunkts ein permanenter Prozess werden, und dann werden negative Gefühle nur noch gelegentlich auftauchen. Genau dadurch, dass dieser Prozess richtigen Denkens beständig wird, hat er Macht über negative Gefühle; er zügelt sie gleich zu Beginn.

Wir können lernen, einige Gesichtspunkte zurückzuweisen und andere zu akzeptieren. Von einem Standpunkt aus sind wir so mechanisch und können nichts tun, während es von einem anderen Gesichtspunkt aus in uns – vielleicht nicht viele aber mehrere – Dinge gibt, die wir zu tun beginnen können. Wir haben bestimmte Möglichkeiten in uns, die wir nicht nutzen. Es ist wahr, dass Sie nichts *tun* können in dem Sinne, dass Sie nicht ändern können, was Sie in einem gegebenen Augenblick *fühlen,* aber Sie können sich selbst veranlassen, in einem gegebenen Moment über einen bestimmten Gegenstand *nachzudenken.* Das ist der Anfang. Sie müssen wissen, was möglich ist und von da aus beginnen, denn die Möglichkeit, etwas zu tun anstatt etwas geschehen zu lassen, wird schnell zunehmen. Sie können sich veranlassen, über einen bestimmten Gegenstand auf eine bestimmte Art nachzudenken, und Sie können sich – wenn es nötig ist –, dazu veranlassen, nicht zu denken.

Sie erkennen nicht, was für eine gewaltige Macht im Denken liegt. Das ist nicht als philosophische Erörterung der Macht gemeint. Die Macht liegt in der Tatsache, dass Sie, wenn Sie über bestimmte Dinge immer richtig denken, diesen Gedanken permanent machen können, und er sich zu einer permanenten Einstellung entwickeln wird. Wenn Sie in sich die Neigung zur falschen emotionalen Manifestation irgendeiner Art entdecken, dann können Sie genau in diesem Augenblick nichts daran ändern, denn Sie haben in sich durch falsches Denken die Fähigkeit zu dieser Art der Reaktion herangebildet; aber nach einiger Zeit richtigen Denkens können Sie in sich die Fähigkeit zu einer anderen Reaktion heranbilden. Nur *muss* diese Methode richtig *verstanden werden,* und dies Verstehen *muss ganz tief gehen.* Sie können diese Methode auf viele verschiedene Dinge anwenden. Das ist in der Tat das einzige, was Sie tun können. Sie können nichts anderes tun. Es gibt keinen direkten Weg, mit negativen Manifestationen zu kämpfen, weil man sie nicht einfangen kann; und es gibt keine Art, sie zu verhindern, ausser man ist auf sie vorbereitet. Eine vorübergehende Erkenntnis, dass sie falsch sind, wird nicht helfen; sie muss sehr tief sein, sonst werden Sie wieder einen gleich schweren Prozess zu durchlaufen haben, um den Boden für eine andere Manifestation vorzubereiten. Sie müssen erkennen, wieviel sie durch diese spontanen Ausdrucksformen negativen Charakters verlieren. Sie machen so viele wünschenswerte Dinge unmöglich, und Sie verlieren genau das, was Sie bekommen wollen.

8

Um den Dingen gegenüber eine richtige Einstellung zu haben, müssen wir lernen, anders zu denken und *längere Gedanken* zu haben. Jeder unserer Gedanken ist zu kurz. Erst wenn Sie aus eigener Beobachtung den Unterschied zwischen langen und kurzen Gedanken erlebt haben, wird Ihnen diese Idee etwas bedeuten.

Solange wir unserem Denken gestatten, vollständig auf gewohnter Assoziation zu beruhen, wird es sich nicht vervollkommnen; aber durch Einführen neuer Gesichtspunkte können wir neue Assoziationen hervorbringen. Wir sind es beispielsweise gewohnt, in absoluten Begriffen zu denken – alles oder nichts – aber es ist notwendig zu erkennen, dass alles Neue zuerst blitzartig auftritt. Es kommt, dann verschwindet es wieder. Erst nach einer gewissen Zeit wird dieses Aufblitzen länger und dann noch länger, so dass Sie es sehen und wahrnehmen können. Nichts kommt sofort in vollständiger Form. Alles, was erworben werden kann, kommt, verschwindet, kommt wieder, verschwindet erneut. Nach einer langen Zeit kommt und bleibt es ein bisschen, so dass Sie in der Lage sind, es zu benennen, es zu bemerken. Ich will kein Beispiel geben, denn es würde zu Einbildung führen. Alles, was ich sagen will, ist, dass man beispielsweise durch bestimmte Anstrengungen des Selbst-Erinnerns Dinge sehen könnte, die man jetzt nicht sehen kann. Unseren Augen sind nicht so sehr Schranken gesetzt, wie wir denken. Es gibt vieles, das sie sehen können, aber nicht bemerken. Wir können nicht anders wahrnehmen, bevor wir nicht anders denken. Wir haben nur über unsere Gedanken Kontrolle; wir haben keine Kontrolle über die Wahrnehmung. Wahrnehmung hängt nicht von Wünschen oder Entschlüssen ab, sie ist hauptsächlich durch unseren Bewusstseinszustand bedingt, durch unser Wachersein. Wenn man für eine genügend lange Zeit erwacht, sagen wir für eine Stunde, kann man viele Dinge sehen, die man jetzt nicht wahrnimmt.

9

Die Frage des Gebrauchs einer richtigen Einstellung als Waffe gegen negative Gefühle erfordert Verstehen; sie bezieht sich auf unsere Einstellung den Gefühlen selbst gegenüber, denn wir können eine richtige oder falsche Einstellung unserer Negativität gegenüber haben. Sie unterscheidet sich in verschiedenen Fällen und lässt sich nicht verallgemeinern. Nun müssen wir die Einstellungen an sich betrachten und erkennen, dass eine positive Einstellung in einigen Fällen richtig und eine negative Einstellung in anderen Fällen richtig ist. Eine positive Einstellung gehört zu dem Teil unseres Intellekts, der «Ja» sagt und eine negative Einstellung zu dem Teil, der «Nein» sagt. Es kann auch andere Einstellungen geben, aber diese beiden sind die wichtigsten. Mangelndes Verstehen gegenüber einem Gegenstand oder einem Problem kann einfach dadurch hervorgerufen sein, dass man ihnen gegenüber eine falsche Einstellung hat. Es gibt Leute, die allem und jedem gegenüber eine negative Einstellung haben, und es gibt andere, die eine positive Einstellung den Dingen gegenüber zu kultivieren versuchen, denen gegenüber sie eine negative Einstellung haben sollten. Wenn wir die Wörter «positiv» und «negativ» im üblichen Sinn von Zustimmung oder Ablehnung verwenden, können wir sagen, dass wir, um bestimmte Dinge verstehen zu können, negative Einstellungen haben müssen, während anderes positiv verstanden werden kann. Zu viel von einer wahllos positiven Einstellung kann Dinge genau so verderben, wie eine hartnäckig negative Einstellung Dinge verderben kann, aber manchmal ist eine negative Einstellung nützlich, weil es vieles im Leben gibt, das nur durch eine ausreichend gute negative Einstellung verstanden werden kann. Gewiss würde Identifikation mit einer negativen Einstellung ein negatives Gefühl verursachen, aber das kann vermieden werden, und sehr oft ist Identifizieren das Ergebnis einer falschen Einstellung. So paradox es scheinen mag, viele negative Gefühle haben wir, weil wir keine ausreichend negative Einstellung negativen Gefühlen gegenüber haben. Andererseits werden Sie in dem Augenblick, da Sie eine negative Einstellung gegenüber einem der Dinge haben, die mit dieser Entwicklungsarbeit verbunden sind, aufhören, sie zu verstehen.

Wir müssen begreifen, dass wir keine Kontrolle haben, dass wir Maschinen sind, dass uns alles «zustösst». Es genügt nicht, über diese Tatsachen zu sprechen, um sie zu ändern. Um aufzuhören, mechanisch zu sein, braucht es etwas anderes. Eine Änderung der Einstellung ist nötig. Einstellungen können von Gefühlen unabhängig sein, und in einem gewissen Ausmass können sie unserer Kontrolle unterliegen. Wir haben zum Beispiel einige Kontrolle über unsere Einstellungen gegenüber Wissen, gegenüber Freunden, gegenüber dieser Arbeit und gegenüber dem Selbst-Studium. Eine Einstellung ist tatsächlich ein Gesichtspunkt, und wenn dieser richtig ist, gibt es eine Wirkung; wenn der Gesichtspunkt falsch ist, eine andere. Wir müssen verstehen, dass wir nichts tun können, aber wir können unsere Einstellungen ändern.

Eine richtige Einstellung kann schrittweise durch das Studium seiner selbst und das Studium des Lebens entwickelt werden, gemäss der besonderen Art, in der wir sie studieren. Dieses Studium beruht nicht nur auf Wissen, sondern auf einer anderen Denkart. Anderes Denken kann nur aus anderen Einstellungen kommen und aus einem Verstehen des relativen Werts der Dinge. Wandel der Einstellungen bringt nicht von alleine eine Änderung des menschlichen Wesens mit sich. Es gehört Wertung dazu.

Bemerkungen zur Arbeit

Inhalt

Bemerkungen zum Arbeitsentschluss

Denken Sie sehr ernsthaft darüber nach, ehe Sie sich dafür entscheiden, mit der Vorstellung sich zu ändern, an sich zu arbeiten, das heisst, mit dem entschiedenen Ziel zu arbeiten, bewusst zu werden, und die Verbindung mit den höheren Zentren zu entwickeln. Diese Arbeit lässt keinen Kompromiss zu und erfordert eine grosse Menge Selbstdisziplin und Bereitschaft, allen Regeln und besonders direkten Anweisungen zu gehorchen.

Überlegen Sie sich sehr ernstlich: Sind Sie wirklich bereit und willens zu gehorchen, und verstehen Sie vollauf die Notwendigkeit hierzu? Es gibt kein Zurück. Wenn Sie zustimmen und dann zurücktreten, werden Sie alles verlieren, das Sie bis zu dieser Zeit erworben haben, und Sie werden tatsächlich mehr verlieren, denn alles, was Sie erreicht haben, wird sich in Ihnen in etwas Falsches verwandeln. Dagegen gibt es kein Heilmittel.

Das Verstehen der Notwendigkeit, Regeln und direkten Anweisungen zu gehorchen, muss auf der Erkenntnis Ihrer Mechanisiertheit und Ihrer Hilflosigkeit gründen. Wenn diese Erkenntnis nicht stark genug ist, sollten Sie besser warten und sich mit gewöhnlicher Arbeit beschäftigen; Studium des Systems, Arbeit in Gruppen und so weiter. Wenn Sie diese Arbeit ernsthaft tun und an alle Regeln denken, wird Sie das zur Erkenntnis Ihres Zustands und Ihrer Bedürfnisse führen. Aber Sie dürfen nicht zu lange zaudern. Wenn Sie zur wirklichen Arbeit kommen wollen, müssen Sie sich beeilen. Sie müssen verstehen, dass die Möglichkeit, die heute existiert, Ihnen nicht nochmals begegnen muss. Durch Zögern und zu langes Warten können Sie all Ihre Chancen verlieren.

Wenn Sie sich zur Arbeit entschliessen und alles akzeptieren, was in der Arbeit vorkommt, so müssen Sie lernen, schnell zu denken. Wenn Ihnen eine Aufgabe angeboten wird, müssen Sie *sofort* antworten, dass Sie sie annehmen. Wenn Sie zögern oder sich mit der Antwort Zeit lassen, wird das Angebot der Aufgabe zurückgezogen und nicht wiederholt werden. Es mag Ihnen Zeit eingeräumt werden, bevor Sie tatsächlich zu tun beginnen, was Ihnen gesagt wurde, aber Sie müssen die Aufgabe sofort annehmen. Ein Versuch, die Dinge durchzusprechen, eine ironische, misstrauische oder negative Einstellung, Furcht oder Mangel an Vertrauen werden die Aufgabe sofort unmöglich machen. Wenn Sie ein Gefühl des Zögerns an der Aufgabe, die Ihnen angeboten wurde, wahrnehmen, denken Sie an Ihre Mechanisiertheit, denken Sie an Ihre Negativität, an Ihren Eigenwillen – aber denken Sie schnell. Sie können alleine nichts gegen Ihre schwachen Seiten ausrichten. Die Aufgaben, die Ihnen angeboten werden, haben zum Ziel, Ihnen zu helfen. Wenn Sie zögern oder sie zurückweisen, weisen Sie Hilfe zurück. Das muss Ihnen in Ihrem Verstand völlig klar sein.

Die Erkenntnis Ihrer Hilflosigkeit und Ihres tiefen Schlafs muss permanent in Ihnen gegenwärtig sein. Sie können sie dadurch stärken, dass Sie sich dauernd an Ihre Nichtigkeit, Ihre Schlechtigkeit, Ihre Schwächen aller möglichen Art erinnern. Sie haben absolut nichts, worauf Sie stolz sein können. Sie haben nichts, worauf Sie Ihr Urteil gründen können. Wenn Sie aufrichtig mit sich sind, können Sie all die Missgriffe und all die Fehler sehen, die Sie machten, wenn Sie auf eigene Faust zu handeln versuchten. Sie können nicht richtig denken. Sie können nicht richtig fühlen. Sie benötigen dauernde Hilfe, und Sie können sie bekommen. Aber Sie müssen dafür bezahlen – zumindest damit, dass Sie nicht argumentieren.

Sie müssen eine gigantische Arbeit leisten, wenn Sie anders werden wollen. Wie können Sie jemals hoffen, irgendetwas zu erreichen, wenn Sie bei den ersten Schritten zögern und argumentieren oder noch nicht einmal die Notwendigkeit der Hilfe erkennen oder misstrauisch und negativ werden?

Wenn Sie ernsthaft arbeiten wollen, müssen Sie viele Dinge in sich bewältigen. Sie können Ihre Vorurteile, Ihre starren Überzeugungen, Ihre persönlichen Identifikationen oder Animositäten nicht mit sich schleppen.

Aber versuchen Sie gleichzeitig zu verstehen, dass persönlich nicht immer falsch bedeutet. Persönlich sein, kann Ihnen bei der

Arbeit helfen, aber auch sehr gefährlich sein, wenn es nicht durch den Kampf mit Identifikation und die Erkenntnis Ihrer Mechanisiertheit und Ihrer Schwäche geläutert ist. Versuchen Sie die Notwendigkeit vorsätzlichen Leidens und bewusster Anstrengung zu verstehen. Es sind dies die beiden einzigen Dinge, die Sie ändern und Ihrem Ziel näher bringen können.

Vorsätzliches Leiden heisst nicht notwendiges Leiden, das Sie sich selbst auferlegt haben. Es bedeutet eine Einstellung dem Leiden gegenüber. Leiden kann als Resultat Ihrer Gefühle, Gedanken und Handlungen in Verbindung mit Ihrer Aufgabe auftreten; es kann von alleine als Ergebnis Ihrer eigenen Fehler oder als Ergebnis der Handlungen, Einstellungen oder Gefühle anderer Leute kommen. Aber wichtig ist Ihre Einstellung dem Leiden gegenüber. Es wird vorsätzlich, wenn Sie nicht dagegen rebellieren, wenn Sie es nicht zu vermeiden versuchen, wenn Sie nicht jemanden dafür anklagen, wenn Sie es als einen momentan notwendigen Teil Ihrer Arbeit akzeptieren und als ein Mittel, Ihr Ziel zu erreichen.

Bewusste Anstrengung ist die Anstrengung, die auf Verstehen beruht; zuallererst Verstehen ihrer Notwendigkeit und Verstehen der Gründe, die sie notwendig machen. Der Hauptgrund für die bewusste Anstrengung ist Ihr Bedürfnis, die Wälle der Mechanisiertheit zu durchbrechen, des Eigenwillens und des Mangels an Selbst-Erinnern, die gegenwärtig Ihr Sein ausmachen.

Damit Sie besser die Notwendigkeit verstehen, Aufgaben, die Ihnen gegeben werden, ohne Zögern zu akzeptieren, die Notwendigkeit intentionalen Leidens und bewusster Anstrengung, denken Sie über die Vorstellungen nach, die Sie zur Arbeit führten, denken Sie an das erste Erkennen Ihrer Mechanisiertheit und an das erste Erkennen, dass Sie nichts wissen. Zu Beginn erkannten Sie das und suchten Hilfe, aber nun bezweifeln Sie, ob Sie wirklich das tun müssen, was Ihnen gesagt wird. Und Sie versuchen, Wege zu finden, um es zu vermeiden, um auf Ihrem eigenen Urteil und Ihrem eigenen Verstehen zu beharren. Sie verstanden einmal klar, dass Ihr Urteil und Ihr Verstehen falsch und schwach sind, aber nun versuchen Sie, von neuem daran festzuhalten. Sie wollen sie nicht aufgeben. Nun, Sie können sie bewahren, aber Sie müssen verstehen, dass Sie mit ihnen alles behalten werden, was falsch und schwach in Ihnen ist. Es gibt keine Halbheiten. Sie müssen sich entscheiden. Wollen Sie arbeiten oder nicht?

Bemerkungen zur Arbeit an sich selbst

Versuchen Sie sich zu erinnern und unaufhörlich all die Linien in Ihrem Gedächtnis zu behalten, an denen Sie arbeiten müssen. Sie müssen am Verstand, am Bewusstsein, an den Emotionen und am Willen arbeiten. Versuchen Sie zu verstehen, dass jede Linie der Arbeit besondere Aufmerksamkeit erfordert, besondere Methoden und besonderes Verstehen. Nach einiger Zeit werden alle vier einander zu helfen beginnen, und später werden sie in eins verschmelzen, aber zu Beginn müssen die vier Linien getrennt laufen.

Versuchen Sie die Arbeit an Ihrem *Verstand* zu verstehen. Um diese Arbeit zu tun, müssen Sie unaufhörlich all die Ideen des Systems durchgehen, die sich auf den Menschen und das Universum beziehen und besonders jene, die auf die Psychologie, das Studium der Emotionen, die vielen «Ichs», die Unterteilung des Menschen, Scheinpersönlichkeit, Permanentes «Ich», Esoterik, Schulen und Arbeitsmethoden bezugnehmen. Behalten Sie diese Vorstellungen in Ihrem Gedächtnis, oder kommen Sie zumindest so oft wie möglich auf sie zurück. Ihr Geist darf niemals untätig sein. In jedem möglichen Augenblick müssen Sie über die eine oder die andere Idee nachdenken, über den einen oder den anderen Aspekt des Systems und der Methoden.

Versuchen Sie die Notwendigkeit zu verstehen, die Methoden und Prinzipien der Arbeit in Ihr *persönliches Leben* einzuführen und vor allem die Notwendigkeit richtigen Denkens über alle persönlichen Fragen und ihren möglichen Bezug auf Ihre Arbeit. Ohne dies werden Sie niemals Einheit erreichen. Sie können nicht einem Teil in sich gestatten, falsch zu denken und hoffen, dass ein anderer Teil in Ihnen richtig denken wird.

Das Verstehen von Prinzipien, Regeln und Methoden der *Schularbeit* ist einer der wichtigsten Teile der Arbeit am Verstand. Der Verstand muss darin geübt werden, in seiner Wahl zwischen richtig und falsch nicht zu zögern, er muss vollkommen richtig die Beziehungen zu mir, zu anderen Leuten in der Arbeit und zu Leuten ausserhalb verstehen.

Der Verstand muss begreifen, dass man gleich zu Beginn ernsthafter Arbeit an sich selbst seine Freiheit aufgibt. Zweifellos ist es eine illusorische Freiheit, aber wenn man sich den Gesetzen der Arbeit unterstellt, steht man natürlich unter mehr Gesetzen als jemand ausserhalb der Arbeit.

Versuchen Sie die Bedeutung des *Schweigens* in der Arbeit zu verstehen, die Bedeutung der *Aufrichtigkeit* und die Bedeutung der *Wahrheit*.

Man kann niemals erwarten, irgend etwas aus der Arbeit zu bekommen, wenn man nicht schweigen kann, wo es für das Wohl der Arbeit nicht notwendig ist zu sprechen. Die Leute reden allgemein zu viel, reden zu ihrer eigenen Befriedigung, aus Stolz über sich, aus Eitelkeit, aus dem Verlangen, angenehme oder schmerzhafte Erfahrungen noch einmal zu durchleben; sie sprechen, weil sie der Identifikation mit dem Reden nicht widerstehen können, oder weil sie nicht erkennen, dass sie nicht auf eine bestimmte Art oder über einen besonderen Gegenstand sprechen sollten. Sehr oft liegt die besondere Anziehungskraft des Redens in der Tatsache, dass sie wissen, dass sie nicht reden sollten.

Ich meine, dass man nicht einmal mit Leuten ausserhalb der Arbeit sprechen soll. Damit muss umgegangen worden sein, lange bevor eine Möglichkeit zu ernsthafter Arbeit in uns entsteht.

Was ich meine ist, dass man sehr auf der Hut sein muss, sogar mit seinen Freunden in der Arbeit zu sprechen, bis man von mir aufgefordert wird, zu reden.

Ebenfalls kann man nichts erwarten, wenn man nicht mit sich selbst und mit mir aufrichtig sein kann. Mit anderen Leuten in der Arbeit kann man eine gegenseitige Vereinbarung im Hinblick auf Offenheit über alles oder in bezug auf bestimmte Dinge haben, aber diese kann nur mit meiner Zustimmung und meiner vollständigen Kenntnis des Gesagten getroffen werden.

Weiterhin kann man nicht erwarten, irgendetwas in der Arbeit zu erreichen, wenn man sich fürchtet oder sich weigert, mir, auch ohne ausdrückliche Aufforderung, die Wahrheit zu sagen.

Sie müssen verstehen, dass niemand, der in der Arbeit bleiben möchte, jemand anderen in der Arbeit bitten kann, etwas vor mir geheim zu halten, und niemand kann das Versprechen geben, irgendetwas geheim zu halten. Dies ist ein sehr wichtiger Punkt.

Man muss immer bereit sein, mir alles über sich selbst und alles, was man über eine andere Person erfährt, zu erzählen. Und man muss es von sich aus tun, ohne daran erinnert zu werden, und zwar mit vollem Begreifen, dass dies ein wesentlicher Punkt der Arbeit ist.

Sie müssen verstehen, dass Sie nicht einen Teil der Regeln annehmen und einen anderen Teil zurückweisen oder vergessen können. Sie müssen die Bedeutung der Disziplin in der Arbeit begreifen.

Sie müssen die Bedeutung der Worte «Opfern Sie Ihr Leiden» verstehen, ebenso die richtigen Augenblicke, die richtigen Methoden sowie Ziel und mögliche Ergebnisse solchen Opfers.

Sie müssen die Notwendigkeit verstehen, sorgfältig zu sein, wenn Sie «Ich» sagen. Wenn Sie über sich sprechen, können Sie nur «Ich» sagen, wenn Sie sicher sind, dass Sie über die Arbeit oder Ideen oder Regeln oder Prinzipien der Arbeit sprechen oder in Übereinstimmung mit allen Regeln und Prinzipien. In allen anderen Fällen müssen Sie zu verstehen versuchen, welcher Teil in Ihnen gerade spricht oder denkt und ihn entsprechend benennen. Diese Vorstellung darf nicht übertrieben werden. Sie können ohne Schaden sagen: Ich werde gleich Zigarretten kaufen. Aber Sie können nicht sagen: Ich mag diesen Menschen nicht. Sie müssen herausfinden, welcher Teil in Ihnen ihn ablehnt und warum und dürfen sich diese Abneigung nicht als Gesamtheit zuschreiben.

Sie müssen die Notwendigkeit der Selbstbeobachtung für das Selbst-Studium deutlich verstehen. Sie müssen den Unterschied zwischen Funktionen und Bewusstsein begreifen. Wenn Sie an Funktionen denken, müssen Sie immer in der Lage sein, die intellektuellen, emotionalen, Bewegungs- und instinktiven Funktionen zu unterscheiden; positive und negative Teile der Zentren im intellektuellen und instinktiven Zentrum; Bewegungs-, emotionale und intellektuelle Teile in allen Zentren. Sie müssen die Aufmerksamkeit studieren und verstehen, wie Sie durch das Studium der Aufmerksamkeit Teile von Zentren unterscheiden können.

In bezug auf das Studium des *Bewusstseins* müssen Sie sich dessen erinnern, was Sie über Schlaf und Wach-Zustand wissen, die verschiedenen Ebenen des Wach-Zustands und die Verbindung höherer Zentren mit höheren Bewusstseinszuständen. Sie müssen daran denken, dass Ihr Ziel ist, in Ihnen höhere Bewusstseinszustände hervorzurufen und eine Verbindung mit höheren Zentren herzustellen. Sie müssen verstehen, dass höhere Zentren viele unbekannte Funktionen haben, die in der gewöhnlichen Sprache nicht beschrieben werden können. Sie haben viel mehr Macht und dringen tiefer in die Naturgesetze ein. Sie müssen daran denken, dass viele, für unseren gewöhnlichen Verstand unlösbare, Probleme für höhere Zentren erklärbar werden können. Und Sie müssen immer zur Idee des Permanenten «Ich» zurückkehren und erkennen, wie weit Sie davon entfernt und wieviele Anstrengungen und Opfer nötig sind, um es zu erlangen.

Bei der Arbeit am *Bewusstsein* müssen Sie als allererstes begreifen, dass diese Arbeit durchaus praktisch ist. Theoretisches Studium wird nicht helfen. Zweitens müssen Sie verstehen, dass die Arbeit am Bewusstsein nur Ergebnisse bringen kann, wenn sie beständig ist, oder dies so weit wie möglich wird. Sprunghafte, zufällige, unterbrochene Arbeit kann keine Resultate zeitigen. Versuchen Sie also herauszufinden, wie Sie sich zu kontinuierlicher Arbeit am Bewusstsein bringen können. Zu Beginn muss Sie Ihr Verstand führen, Sie dauernd an die Notwendigkeit, sich Ihrer selbst zu erinnern mahnen und Ihnen helfen, die Augenblicke des Nicht-Erinnerns zu erfassen.

Aber erkennen Sie, dass der Verstand Sie nur auf diese Arbeit *vorbereiten* und Sie lediglich eine gewisse Strecke weit führen kann. In der Arbeit am Bewusstsein können Sie nur mit Hilfe des Willens und der Gefühle fortschreiten.

Denken Sie auch daran, dass Bewusstsein an der Länge der Momente von Bewusstsein und an der Häufigkeit des Auftretens dieser Momente gemessen werden kann.

Anstrengungen, Bewusstsein in sich zu erzeugen, bringen zu Anfang fast ein Gefühl der Hoffnungslosigkeit mit sich. Aber sehr bald werden sie Resultate zu zeitigen beginnen. Sie werden diese Ergebnisse dadurch bemerken, dass Sie Augenblicke von Bewusstsein beobachten, die von selbst ohne irgendeine Anstrengung Ihrerseits auftreten. In Wahrheit sind sie das Ergebnis vorangegangener Anstrengungen.

Die Übung, Gedanken zu stoppen, hilft dem Selbst-Erinnern sehr stark. Kampf mit Einbildung und mechanischem Reden mit sich selbst und anderen ist von Anfang an notwendig. Aber man wird noch stärkere Hilfe daraus erlangen, dass man sein Leiden opfert. Allein dies kann die Arbeit am Bewusstsein real und ernsthaft machen. Vorher ist alles nur Vorbereitung dafür.

Die Arbeit an den *Gefühlen* wie die Arbeit am Bewusstsein müssen von Anfang an praktisch sein. Sie beginnt mit dem Kampf gegen das Ausdrücken negativer Gefühle. Wenn eine gewisse Kontrolle erworben ist, und wenn Sie vollauf alle schlechten Seiten der negativen Gefühle in Ihrem eigenen Leben und dem Leben im allgemeinen verstehen, müssen Sie einen Plan für Ihre persönliche Arbeit an Identifikation, Einbildung und Lügen für die besonderen Formen, die sie in Ihnen annehmen, aufstellen.

In dieser Arbeit dürfen Sie keine Angst haben, sich weh zu tun. Verstehen Sie, dass Sie nur dadurch, dass Sie sich selbst weh tun, erhalten können, was Sie wünschen. Sie können das tun, indem Sie Regeln beachten. Zum Beispiel, indem Sie etwas über sich selbst oder andere äussern, das Sie nicht sagen wollen, sondern das Ihnen befohlen wurde. Sie können auch einen sehr emotionalen Zustand in sich bewirken, wenn Sie sich darauf vorbereiten, auf diese Art zu sprechen, das heisst, sich vorstellen, es würde Ihnen befohlen, die Wahrheit über die schwierigsten und intimsten Dinge zu sagen, von denen Sie glauben, dass sie völlig versteckt oder verhüllt sind.

Erkennen Sie auch, dass es viele andere Arten von Leiden gibt, die Sie durchlaufen werden, bevor Sie Ihr Ziel erreichen. Versuchen Sie zu verstehen, dass Leiden das *einzige aktive Prinzip in uns* ist, das in höheres Fühlen verwandelt werden kann – was auch höheres Denken und höheres Verstehen ist.

Haben Sie keine Angst, an Ihre Gefühle zu denken und Widersprüche in ihnen zu entdecken, auch wenn es Ihnen weh tut. Nur wenn Sie verschiedene Gefühle, die sich auf denselben Gegenstand beziehen, vergleichen, können Sie Puffer in sich entdecken und vielleicht zerstören, wenn Sie hart arbeiten und keine Angst haben, sich selbst weh zu tun.

Erinnern Sie sich, dass dies Sie zum Erwachen des Gewissens führen wird, was das gleichzeitige Fühlen aller widersprüchlichen Gefühle ist; und erinnern Sie sich, dass das Erwachen des Gewissens ein notwendiger Schritt ist, um auf den höheren Bewusstseinszustand hinüberzuwechseln.

Üben Sie sich darin, Identifikation und Einbildung von den negativen Gefühlen abzuziehen, ohne sie zu zerstören. Sie können völlig unerwartete und sehr interessante Resultate erhalten.

Lernen Sie, Gefühle in geistige Einstellungen zu verwandeln und sie in den Verstand zu überführen. Viele Gefühle, die im emotionalen Zentrum völlig nutzlos und sogar schädlich sind, weil sie dort nicht ohne Identifikation und Einbildung existieren können, werden als geistige Einstellungen ganz nützlich und helfen der Selbstbeobachtung, der Beobachtung anderer Leute und dem allgemeinen Verstehen.

Versuchen Sie, all Ihre Gefühle während der ganzen Zeit, in der Sie mit diesem System verbunden sind, durchzugehen, Gefühle, die sich auf das System selbst beziehen, auf mich, auf Sie selbst und auf andere in der Arbeit.

Versuchen Sie, sich selbst gegenüber aufrichtig zu sein. Erkennen Sie, wie Sie immer versucht haben, aus Ihrer Teilnahme an der Arbeit Vorteile zu ziehen; zum Beispiel dadurch, dass Sie die besondere Intimität, die unter Leuten in der Arbeit entsteht infolge gemeinsamen psychologischen Studiums und des Verschwindens vieler Puffer, benutzten, um Freundschaften auf die gewöhnliche mechanische und sentimentale Art zu schliessen, Liebesbeziehungen einzugehen und so weiter. Sehen Sie, welchen Nutzen Sie aus Ihrer Verbindung mit der Arbeit gezogen haben. Erkennen Sie, wie oft Sie selbstsüchtig und berechnend waren, wie wenig Sie der Arbeit gaben und wieviel Sie aus ihr nahmen. Sehen Sie, wieviel Abwägen in Ihren Einstellungen war, wie viele Forderungen und wieviel Ablehnung, besonders wenn Leute Ihnen zu helfen versuchten. Versuchen Sie zu sehen, wie armselig Ihre Wertschätzung der Arbeit war, und wieviel Sie dadurch versäumten. Versuchen Sie zu sehen, wie töricht Sie waren, den negativen Ansichten von Leuten Ausdruck zu geben, die Ihnen hätten helfen können, und von denen viele bereits verschwunden sind. Versuchen Sie sich zu sehen, wie Sie wirklich sind. Ruhen Sie sich nicht aus, beruhigen Sie sich nicht mit falschen Hoffnungen und Erwartungen von Wundern oder mit Entschlüssen, morgen anders zu handeln.

Denken Sie über das Leben im allgemeinen nach, denken Sie über die Massen blinder und schlafender Leute nach, die keine Chance in der Welt haben, etwas anderes zu werden. Denken Sie über sich selbst nach, erkennen Sie, wieviele Möglichkeiten Sie hatten, und wieviele Sie bereits verloren haben und weiterhin täglich verlieren.

Denken Sie über den Tod nach. Sie wissen nicht, wieviel Zeit Ihnen bleibt. Und erinnern Sie sich, dass sich alles wiederholen wird, wenn Sie sich nicht ändern, alle törichten Schnitzer, alle dummen Fehler, der ganze Verlust an Zeit und Gelegenheiten – alles wird wiederholt werden mit Ausnahme der *Chance,* die Sie diesmal hatten, denn *Chancen* kehren niemals auf dieselbe Art wieder.

Das nächste Mal werden Sie nach Ihrer Chance *suchen* müssen. Und um das zu tun, werden Sie sich vieler Dinge erinnern müssen, und wie wollen Sie sich dann erinnern, wenn Sie sich jetzt an nichts erinnern?

Versuchen Sie, die Arbeit am *Willen* zu verstehen. Sie beginnen diese Arbeit mit Arbeit am Verstand und am Bewusstsein; Arbeit an den Gefühlen stärkt den Willen noch mehr und bereitet Sie auf weitere Anstrengungen vor. Aber wirkliche Arbeit am Willen fängt mit dem Versuch an, den Eigenwillen zu verstehen und Beispiele seiner Ausdrücke in Ihren Handlungen zu entdecken. An diesem Punkt tritt die Notwendigkeit grosser Aufrichtigkeit mit Ihnen selbst ein und die Notwendigkeit der Bereitschaft, mit mir über die Manifestationen Ihres Eigenwillens zu sprechen. Versuchen Sie zu verstehen, dass jeder Entschluss, den Sie alleine und für sich selbst fällen und der gleichzeitig Ihre Arbeit berührt, die Manifestation von Eigenwillen ist.

Um den Unterschied zwischen Willen und Eigenwillen besser zu begreifen, lernen Sie zwischen mechanisch und bewusst zu unterscheiden. Eigenwille ist immer mechanisch, Wille immer bewusst. Sie müssen verstehen, dass es sogar auf der mechanischen Ebene einen grossen Unterschied zwischen mechanisch und bewusst gibt. Im Leben ist der Unterschied mit der Verschiedenheit von wichtig und unwichtig verbunden, aber im Leben variiert der Unterschied zwischen wichtig und unwichtig unter verschiedenenen Leuten und ändert sich entsprechend dem Wandel der Umstände. Für Leute in der Schule ist «wichtig» immer mit der Arbeit verbunden.

Wenn Sie sich selbst als mit der Schularbeit verbunden betrachten oder in der Schularbeit zu sein wünschen, aber in bezug auf Angelegenheiten des Lebens zögern und nicht wissen, welchen Weg Sie wählen sollen, können Sie immer herausfinden, was wichtiger für Sie ist, wenn Sie die Frage von diesem Gesichtspunkt aus betrachten.

«Wichtig» steht immer – auf eine oder viele Arten – mit der Arbeit in Verbindung und kann den Prinzipien und Methoden der Arbeit nicht widersprechen. Mechanische Entscheidungen und mechanisches Handeln widersprechen immer den Arbeitsmethoden und schaden Ihrer Arbeit und Ihrer Stellung in der Arbeit.

Wenn Sie sich nicht entscheiden können, was wichtiger ist und welchen Weg Sie wählen sollen, *müssen Sie mich fragen.*

Wenn Sie ernsthaft in der Arbeit sind und in der Arbeit sein wollen, dürfen Sie keine Entscheidung treffen, die Ihr Leben berühren kann, ohne zuerst um meine Meinung zu bitten. Ihre eigenen Entscheidungen in ernsten Angelegenheiten beruhen zwangsläufig auf Eigenwillen.

Aber Sie können nicht um meine Meinung oder meine Entscheidung bitten, wenn Ihr Entschluss bereits gefällt ist, und Sie bereits auf dieser Basis zu handeln begonnen haben, denn das bedeutet Eigenwille in Aktion, und in solch einem Fall ist es zu spät, mich zu fragen. Scheinbare Fragen nach meiner Meinung und meiner Entscheidung, wenn Ihr Entschluss bereits getroffen ist, sind tatsächlich Manifestationen der Unaufrichtigkeit mit Ihnen selbst und Versuche, mich durch Vorspiegelung falscher Tatsachen zu täuschen.

Versuchen Sie zu erkennen, dass mechanische Handlungen und mechanische Entscheidungen immer auf Erwägungen ausserhalb der Arbeit beruhen (auch wenn Sie sich davon überzeugen, dass das Ergebnis für Ihre Arbeit nützlich sein wird), Erwägungen des Vergnügens, der Bequemlichkeit oder Behaglichkeit; oder sie resultieren aus negativen Gefühlen oder aus Einbildung.

Versuchen Sie zu verstehen, dass die mechanischste Manifestation, wenn Sie in der Arbeit sind und in der Arbeit zu sein wünschen, ist, mich anzulügen oder die Wahrheit vor mir zu unterdrücken.

Die Forderung nach völliger Ehrlichkeit bezieht sich nicht auf Leute, die gerade mit mir zu arbeiten beginnen. Sie müssen lange Vorarbeit an Verstand und Bewusstsein leisten, bevor vollständige Ehrlichkeit notwendig und obligatorisch wird. Aber wenn sie die Notwendigkeit persönlicher Hilfe erkennen und wenn ich finde, dass sie bereit sind und ich ihnen helfen kann, wird das Prinzip vollständiger Ehrlichkeit obligatorisch. Und es ist zweifellos für alle Leute obligatorisch, die seit fünf Jahren in der Arbeit sind und auch für einige, die weit kürzer in der Arbeit sind, aber bereits ihr Ziel formuliert haben.

Denken Sie daran, dass unsere Hauptarbeit dem Eigenwillen gelten muss. Man beginnt seinen Willen aufzugeben, indem man Regeln akzeptiert, aber man muss aufrichtig damit sein. Später muss man seinen Eigenwillen in allen ernsthaften Angelegenheiten aufgeben und den Willen einer anderen Person akzeptieren, in diesem Fall den meinigen. Nur wenn man so handelt und es mit vollem Verstehen der Notwendigkeit hierzu tut, wird man beginnen, langsam seinen eigenen Willen zu erwerben. Tatsächlich ist die erste Handlung des Aufgebens von Eigenwillen der erste Akt und die erste Manifestation wirklichen Willens.

Die vier Linien der Arbeit an sich selbst können bezeichnet werden: intellektuelle Arbeit – *Vorbereitung;* Arbeit am Bewusstsein – *Ziel;* Arbeit an den Gefühlen – *Mittel, Energie;* Arbeit am Willen – *Kontrolle* und ebenfalls *Energie.*

Was ist die Schule?

Frage: Was ist die Schule?

Ouspensky: Die Schule ist eine Organisation zur Übertragung von Wissen, das von einem höheren Geist (Mind) stammt, auf eine bestimmte Anzahl vorbereiteter Leute.

Das Wesentlichste in der Schule ist das Wissen, das aus einem höheren Geist kommt. Das bedeutet, dass Schulen nicht willkürlich ohne Beteiligung von Leuten gebildet werden können, die Wissen in Schulen empfangen haben. Ein anderer sehr wichtiger Faktor ist die von Schulen bewirkte Auswahl, das heisst die Auswahl der Schüler. Nur Leute mit einer bestimmten Vorbereitung und einem bestimmten Niveau des Verstehens werden zugelassen. Eine Schule kann nicht allen offenstehen, sie kann nicht einmal für viele zugänglich sein. Eine Schule ist immer ein geschlossener Kreis mit dem Lehrer in der Mitte.

Schulen können von sehr verschiedenem Format sein, das von

der Vorbereitung und der Seinsebene des Schülers abhängt. Je höher das Niveau der Schule, desto grösser die Anforderungen, die an die Schüler gestellt werden.

Frage: Warum sind Schulen notwendig?

Ouspensky: Bevor man davon sprechen kann, *warum* Schulen notwendig sind, muss man erkennen, *für wen* Schulen notwendig sind, denn Schulen sind für die grosse Masse der Leute überhaupt nicht notwendig. Schulen sind für solche Leute notwendig, die bereits die Unzulänglichkeit des Wissens, das der gewöhnliche Verstand sammelt, erkennen und die fühlen, dass sie alleine, aus ihrer eigenen Kraft weder die sie umgebenden Probleme lösen noch den richtigen Weg finden können. Nur solche Leute sind fähig, die Schwierigkeiten zu überwinden, die mit der Schularbeit verbunden sind, und nur für sie sind Schulen nötig.

Um zu verstehen, *warum* Schulen notwendig sind, muss man erkennen, dass das Wissen, das von Menschen höheren Geistes (Mind) kommt, nur einer sehr begrenzten Anzahl von Leuten gleichzeitig übertragen werden kann; dies muss unter notwendiger Beobachtung einer ganze Reihe definitiver Bedingungen, die dem Lehrer der Schule gut bekannt sein müssen, geschehen, ohne die das Wissen nicht *genau* übermittelt werden kann.

Die Existenz dieser Bedingungen und die Unmöglichkeit, ohne sie auszukommen, erklären die Notwendigkeit einer Organisation. Die Übermittlung von Wissen erfordert Anstrengungen sowohl von Seiten dessen, der es empfängt als auch von dem, der es gibt. Die Organisation erleichtert diese Anstrengungen oder ermöglicht sie. Diese Bedingungen können nicht von alleine auftreten. Eine Schule kann nur gemäss einem bestimmten, genau festgelegten Plan organisiert werden, der vor langer Zeit ausgearbeitet wurde und bekannt war. In einer Schule kann es nichts Willkürliches oder Improvisiertes geben. Aber Schulen können von verschiedenem Typ sein, entsprechend den verschiedenen Wegen. Über die verschiedenen Wege wird später gesprochen werden.

Frage: Kann erklärt werden, worin diese Bedingungen bestehen?

Ouspensky: Diese Bedingungen sind mit einer bestimmten Eigenschaft der menschlichen Natur verknüpft, nämlich jener, dass es zwei Seiten des Menschen gibt, die sich, in der allgemeinen Entwicklung des Menschen, gleichzeitig und parallel entfalten sollten: *Wissen* und *Sein.* Die Leute wissen, oder glauben zu wissen, was Wissen ist, und in einem bestimmten Ausmass begreifen sie die Relativität von Wissen. Aber sie sind sich nicht bewusst, was Sein ist, und sie verstehen nicht die Relativität des Seins und die Tatsache, dass Wissen vom Sein abhängt. Inzwischen zeitigt die Entwicklung des Wissens ohne entsprechende Entwicklung des Seins oder eine Entwicklung des Seins ohne entsprechende Entwicklung des Wissens falsche Resultate. Schulen sind notwendig, um solch eine einseitige Entwicklung und die damit verbundenen, unerwünschten Ergebnisse zu vermeiden. Die Bedingungen des Lehrens in der Schule sind so, dass die Arbeit von den allerersten Schritten an gleichzeitig entlang zweier Linien fortschreitet, der Linie des Wissens und der Linie des Seins. Von den ersten Tagen in der Schule an, beginnt ein Mensch, die Mechanisiertheit zu studieren und gegen Mechanisiertheit in sich selbst zu kämpfen, gegen unwillkürliche Handlungen, gegen unnötiges Reden, gegen Einbildung, gegen Tagträumen und gegen Schlaf. Es wird ihm erklärt, dass sein Wissen von seinem Sein abhängt. Wenn ein Mensch einen Schritt entlang dem Pfad des Wissens unternimmt, muss er einen Schritt entlang dem Pfad des Seins tun. Die Prinzipien der Schularbeit, alle an ihn gestellten Forderungen, die Regeln, die er erinnern muss, alles hilft ihm, sein Wesen zu studieren und daran zu arbeiten, es zu ändern.

Frage: Warum ist Wissen notwendig?

Ouspensky: Das Ziel eines Menschen, der seinen Zustand und seine Lage erkennt, wird zur Wesenswandlung. Diese Änderung ist so schwer, dass sie in der Tat unmöglich wäre, wenn es das Wissen nicht gäbe, um ihm zu helfen.

Frage: Kann eine Wesensänderung, das heisst, das Erreichen einer bestimmten Seinsebene, Wissen bringen?

Ouspensky: Nein, das kann es nicht. Wissen und Sein drücken zwei Seiten der menschlichen Natur aus, die sich entwickeln und wachsen können, aber ihre Entfaltung erfordert unterschiedliche Anstrengungen.

Frage: Wovon hängt Verstehen ab, vom Wissen oder vom Sein?

Ouspensky: Weder Wissen noch Sein können getrennt richtiges Verstehen ergeben. Der Grund hierfür ist, dass Verstehen das Resultat aus Wissen und Sein ist. Ein Wachsen des Verstehens ist nur mit gleichzeitigem Wachsen von Wissen und Sein möglich. Wenn eines viel schneller als das andere wächst, kann sich das Verstehen nicht in der richtigen Richtung entwickeln.

Frage: Was ist mit Wachsen des Wissens und Wachsen des Seins gemeint?

Ouspensky: Das Wachsen des Wissens bedeutet einen Übergang vom Besonderen zum Allgemeinen, von Einzelheiten zum Ganzen, vom Illusionären zum Realen. Gewöhnliches Wissen, oder was Wissen genannt wird, ist immer ein Wissen von Einzelheiten ohne Kenntnis des Ganzen, ein Wissen in bezug auf Blätter, oder auf die Adern oder Auszackungen an Blättern ohne Kenntnis des Baums. Wahres Wissen zeigt nicht nur eine gegebene Einzelheit, sondern auch den Platz, die Funktion und die Bedeutung der Einzelheit im Ganzen. In unserem gewöhnlichen Wissen gibt es Zeiten, die uns nahe an wahres Wissen heranführen. Zum Beispiel definiert im gewöhnlichen Bezeichnungssystem nicht nur jede Zahl die Potenz, sondern zeigt den Standort dieser Kraft in der Reihe der Potenzen von Null zur Unendlichkeit. Alles wahre Wissen ist von dieser Art.

Wahres Wissen kommt vom höheren Geist (Mind), das heisst vom Geist der Menschen, welche die höchste Entwicklung erreicht haben, die dem Menschen möglich ist. Es wird *objektives Wissen* genannt, im Unterschied zum Wissen gewöhnlicher Menschen, das subjektives Wissen heisst. Objektives Wissen ist immer *Schulwissen*, das heisst in einer Schule erworbenes Wissen. Ein Mensch kann es nicht mit seinem eigenen Geist erreichen oder aus Büchern beziehen.

Einer der Grundgedanken objektiven Wissens ist, dass Wissen

der wirklichen Welt möglich ist, aber nur unter der Bedingung, dass man es versteht, die Prinzipien von *Relativität* und *Mass* anzuwenden und ferner die grundlegenden Gesetze des Universums, das *Gesetz der Drei* und das *Gesetz der Sieben* kennt. Der Zugang zum Studium objektiven Wissens beginnt mit dem Studium einer objektiven Sprache. Der nächste Schritt ist das Studium seiner selbst, das mit dem Verstehen des Platzes des Menschen im Universum und dem Studium der menschlichen Maschine anfängt. Die Kenntnis seiner selbst ist sowohl Ziel als auch Mittel.

Ein Mensch, der keine Schullehren erfährt, das heisst, ein Mensch von gewöhnlicher Denkweise, lebt von Illusionen umgeben, die sich hauptsächlich auf ihn selbst beziehen. Er glaubt, Willen zu haben und die Möglichkeit der Wahl in jedem Augenblick seines Lebens; er glaubt, *tun* zu können; er glaubt, Individualität zu haben, das heisst, etwas Permanentes und Unveränderliches; er glaubt, ein gleichermassen permanentes und unveränderliches «Ich» oder Ego zu besitzen; er betrachtet sich als *bewusstes Wesen* und nimmt an, das Leben auf der Erde dadurch arrangieren zu können, dass er den Hinweisen von Vernunft und Logik folgt; er bezeichnet seinen gewöhnlichen Bewusstseinszustand, indem er lebt und handelt, als *klares Bewusstsein,* während er in Wirklichkeit schläft. In diesem Schlaf lebt er, schreibt er Bücher, erfindet er Theorien, führt er Kriege, tötet er andere schlafende Leute und stirbt er selbst, ohne auch nur einen Augenblick für wahrscheinlich zu halten, dass er aufwachen könnte.

Er erkennt die Möglichkeit zur Entwicklung oder zum Wachstum nicht. Er schreibt sich zu, was er nicht besitzt. Aber er weiss nicht, wieviel er erlangen könnte.

Wenn er ein Mensch wissenschaftlicher Ansichten ist, räumt er der Möglichkeit einer individuellen Evolution des Menschen über die Grenzen üblicher intellektueller Entwicklung während eines Lebens hinaus keinen Platz ein. Stattdessen erkennt er die Möglichkeit der Evolution des Menschen *als Spezies* an und er betrachtet eine solche Entwicklung als völlig mechanisch, das heisst, nicht von irgend jemandes Willen abhängig.

Wenn er ein religiöser Mensch ist, glaubt er an ein zukünftiges Leben und dass er *zu seinem eigenen Guten* von höheren Kräften geleitet wird, mit denen er mittels Gebeten in Verbindung treten kann.

Wenn er mit der Theosophie vertraut ist, glaubt er an das Gesetz von Karma und Reinkarnation; er ist der Meinung, einen Astralkörper, einen Mentalkörper und einen Kausalkörper zu besitzen und dass er durch eine unvermeidliche Entwicklung die allerhöchsten Stufen erreichen wird, wenn nicht auf Erden, dann auf irgendeinem anderen Planeten.

Wenn er bereits die Unzulänglichkeit und illusorische Natur wissenschaftlicher, religiöser und theosophischer Ideen begriffen hat und die Notwendigkeit inneren Wandels im Menschen erkennt, sieht er nicht dessen Schwierigkeit ein, erkennt er nicht die Notwendigkeit langwieriger und systematischer Anstrengungen, die ohne Kenntnis der Methoden, ohne exakte und detaillierte Kenntnis der menschlichen Maschine unmöglich sind. Ihm scheint, dass, was kommen *kann,* auch kommen *muss.*

Aber in Wirklichkeit kommt nichts von alleine. Man muss sich erst von Illusionen befreien und dann arbeiten, um ein anderes Sein zu erlangen. Diese Arbeit erfordert lange und systematische Anstrengungen sowie Wissen.

Frage: Was ist der Unterschied zwischen der Schule, von der Sie sprechen und der «esoterischen Schule» in der Theosophischen Gesellschaft? Es scheint mir, dass der Gedanke, der beiden zugrunde liegt, identisch ist.

Ouspensky: Der Hauptunterschied zwischen der Schule, von der ich spreche, und der «esoterischen Schule» liegt in der Tatsache, dass die «esoterische Schule» sozusagen der Überbau oder das obere Stockwerk der gesamten Theosophie ist. Um zur «esoterischen Schule» zu kommen, muss man den ganzen Rest akzeptieren. Und im theosophischen System gibt es sehr viel, was naiv, unlogisch, widersprüchlich und unmöglich ist.

Frage: Was ist der Unterschied zwischen den «Meistern» und den Wesen höheren Geistes?

Ouspensky: «Meister» in der Theosophie stehen mit einer klar umrissenen *Legende* in Verbindung, die mit Blavatsky beginnt. Um «Meister» zu akzeptieren, müssen Sie die gesamte Legende annehmen. Inzwischen gibt es sehr viel, das in dieser Legende unannehmbar und unmöglich ist. *Leute höheren Geistes* stehen mit keiner Art von Legende in Verbindung. Der Mensch, wie wir ihn kennen, wird nicht als der höchst mögliche Ausdruck seiner Art und nicht als ein vollständiges Wesen betrachtet, sondern als ein Wesen in einer bestimmten Phase seiner möglichen *Transformation.* Diese Transformation wird als in einer Lebensspanne möglich angesehen, das heisst, es wird angenommen, dass ein Mensch, der in einer bestimmten Phase geboren ist, während einer Lebensspanne in eine andere übergehen kann. Wenn wir das Beispiel einer Schmetterlings nehmen, dann ist der Mensch annähernd eine Raupe. Und die grosse Mehrheit der Menschen stirbt als «Raupen». Aber aus der Masse von Raupen geht andauernd ein kleiner Anteil sich transformierender Wesen hervor. Diese sich entwickelnden Wesen sind, für uns, *Leute höheren Geistes* (Mind). Wir wissen von ihrer Existenz aus Spuren ihrer Aktivität in der Geschichte, hauptsächlich in Kunst und Religion. Da sie einen perfekteren Geist als gewöhnliche Menschen besitzen, verfügen sie über grösseres Wissen. Die Schulen, von denen ich spreche, haben zum Ziel, gewöhnliche Leute, die die Notwendigkeit, aus ihrem gegenwärtigen Zustand auszubrechen, gefühlt oder erkannt haben, den Ideen nahe zu bringen, die von Menschen höheren Geistes (Mind) kommen, denn allein diese Ideen können ihre Transformation unterstützen, das heisst, ihren Übergang auf eine neue Seinsstufe gewährleisten.

Frage: Glauben Sie, dass Wesen wie Buddha oder Christus «Schulwissen» hatten?

Ouspensky: Ich kann nicht auf die Frage über Christus und über Buddha antworten, denn es muss erst begründet werden, was wir von den Legenden, die mit ihnen verknüpft sind, akzeptieren und was wir nicht akzeptieren. Aber wenn Christus wirklich existierte, dann lehrte er seine Schüler zweifelsohne *Schulwissen.* Die Evangelien sind voller Anspielungen auf ein Schulsystem und auf Schulwissen.

Frage: Die Vorstellung der Initiation in der «esoterischen Schule» beruht auf der Wahl und der Beurteilung jener, die besser wissen, und das scheint auch Ihre Idee zu sein («Anzahl vorbereiteter Leute»).

Ouspensky: Die Idee der Initiation, die von jemand anderem abhängt, hat in diesem System absolut keinen Platz. Nur Selbst-Initiation existiert, das heisst, inneres Wachsen. Nur *Wissen* kann von jemand anderem empfangen werden, und es kann auf keine andere Art erhalten werden. Vorbereitung meint etwas völlig anderes. In ihrem hauptsächlichen Sinn ist sie einfach intellektuelle und emotionale Vorbereitung, die einem Menschen die Möglichkeit zum Verstehen und zur *Einschätzung* neuer Ideen gibt. Die Notwendigkeit der Vorbereitung wird nur betont, um zu zeigen, dass die Ideen des Systems nicht unterschiedslos jedem gegeben werden können. Über die volle Bedeutung der *Vorbereitung* werde ich später sprechen.

Frage: Es gibt sehr viele Leute, die behaupten, zu einer Schule zu gehören und besonderes Wissen zu besitzen. Alle sagen Sie, was Sie sagen. Wo kann das Kriterium gefunden werden, mit dem wir den richtigen Mann erkennen werden? Die Beispiele einiger dieser Leute scheinen ihr Wissen weit mehr zu leugnen als zu bestätigen.

Ouspensky: Natürlich existieren neben den wirklichen Schulen viele falsche Schulen. Die Hauptgefahr kommt von Schulen, die eine sehr kleine Menge Wissen und eine sehr grosse Menge Fantasie besitzen, wie die theosophische, anthroposophische, martinistische und so weiter. Es ist sehr schwer, einen exakten Massstab anzugeben, um eine Unterscheidung bei der ersten Begegnung mit einer Schule zu treffen, weil solch ein Kriterium von der Tiefe und Qualität der Vorbereitung abhängt. Für mich persönlich war der erste Beweis, dass *diese* Schule richtig ist, ein unzweifelhaftes und genaues psychologisches Wissen, das alles übertraf, was ich jemals zuvor irgendwo gehört hatte und die Psychologie zu einer exakten und praktischen Wissenschaft machte. Das war eine Tatsache, für mich unumstösslich, und ich hatte eine besondere Vorbereitung, um diese Tatsache zu beurteilen.

Schulen können von unterschiedlichem Niveau sein.

1 Vorbereitende Schulen des Vierten Weges können in zwei Kategorien eingeteilt werden. Zur ersten Kategorie gehören Schulen, deren Lehrer die *Überlegenheit seines eigenen Wesens über das Wesen der Schüler* bestätigt und hierdurch dem Studenten Hilfe verspricht, die auf der Anwendung von Kräften beruht, die die Fähigkeiten eines gewöhnlichen Menschen übersteigen. Und zur zweiten Kategorie gehören Schulen, deren Lehrer nur die Überlegenheit *seines Wissens* bestätigt.

2 Schulen der ersten Kategorie, das heisst Schulen, deren Lehrer die Überlegenheit seines Seins und seines Besitzes von Kräften, über die der gewöhnliche Mensch nicht verfügt, bestätigt, sind unvergleichlich schwieriger, und es ist nur möglich, in ihnen zu sein, indem man sich *andauernd* der Arbeitsprinzipien erinnert, indem man sich dem Lehrer *vollständig* unterwirft und die Regeln *strikt* einhält. Die leichteste Abweichung davon, sich der Prinzipien zu erinnern, sich dem Lehrer zu unterwerfen und Regeln einzuhalten, macht die Fortsetzung des Studiums in einer solchen Schule unmöglich.

3 In Schulen der zweiten Kategorie kann der Lehrer viele Mängel individueller Studenten entschuldigen, obwohl es ihre Arbeit verzögert, so lange, wie es der allgemeinen Arbeit der Schule nicht schadet.

4 Die Arbeitsbedingungen zu erleichtern, die Anforderungen zu reduzieren oder von Seiten des Lehrers Konzessionen zu machen, ist niemals ein Privileg oder ein Vorrecht für die Schüler, im Gegenteil weist das immer auf Fehler ihrer Arbeit und ihren Verlust des Platzes in der Arbeit hin.

5 Nur das Anheben oder Steigern der Anforderungen ist ein Privileg.

6 Der Platz in der Arbeit wird durch Vorbereitung, längere Zugehörigkeit, Anstrengungen, Fähigkeiten, Vertrauen in den Lehrer und Verstehen der Arbeitsziele bestimmt.

7 Ein Schüler kann beginnen, ohne die Bedeutung der Ideen, die von höherem Geist kommen, und die Ziele der Schul-Arbeit voll zu verstehen. Aber nach einer gewissen Zeit werden *richtige Einschätzung* und Verstehen von ihm verlangt, und ohne diese Einschätzung und dieses Verstehen kann er nicht fortfahren.

8 Das Auftauchen von Misstrauen gegenüber dem Lehrer und besonders der Ausdruck solchen Misstrauens gegenüber dem Wissen, den Methoden oder persönlichen Ansichten des Lehrers macht die Fortsetzung der Arbeit in der Schule unmöglich.

9 Der Schüler muss daran denken, dass persönliche Ansichten des Lehrers, die seinen eigenen persönlichen Meinungen widersprechen, auf besseren Beurteilungs- und Beobachtungsmethoden beruhen als die, die ihm zur Verfügung stehen können. Sie sollten daher für ihn ein Gegenstand des Studiums, nicht ein Gegenstand des Streits oder des Protestes sein.

10 Er muss sich erinnern, dass eines der Ziele seiner Arbeit ein Wandel in seinen Gesichtspunkten ist, denn seine alten Gesichtspunkte – die die Gesichtspunkte eines schlafenden Menschen sind – können nicht richtig sein. Die Aufgabe des Lehrers ist es, ihm die Möglichkeit von Gesichtspunkten zu zeigen, die passen und gleichzeitig zu seinem Erwachen beitragen werden.

11 Der Schüler muss daran denken, dass er gekommen ist, um zu lernen und nicht, um zu lehren oder seinen Ansichten Ausdruck zu verleihen.

12 Meinungsverschiedenheiten mit dem Lehrer können ein Hinweis darauf sein, dass der Schüler bereits alles von ihm erhalten hat, was er bekommen kann, und dass er die Schule

verlassen und unabhängig arbeiten sollte. Gleichzeitig kann eine Meinungsverschiedenheit einfach zeigen, dass der Schüler einige der grundlegenden Arbeitsprinzipien vergessen oder, was noch schlimmer ist, einige seiner eigenen hinzugefügt hat, etwas, das er nicht vom Lehrer hörte. Das macht alle weitere Arbeit zwecklos.

13 Selbständige Arbeit ausserhalb der Schule ist in Kontakt mit dem Lehrer oder ohne denselben möglich.

14 Der Kontakt ist vom Schüler und nicht vom Lehrer abhängig, und er entsteht, wenn der Schüler sich an alles erinnert, was er jemals vom Lehrer gehört hat und dem ohne irgendwelche Abweichungen folgt, und vor allem, ohne etwas Eigenes hinzuzufügen.

15 Der Lehrer trägt die Verantwortung für die Arbeit der Schüler und kann ihnen bei ihren Schwierigkeiten nur dann helfen, wenn sie in bezug auf ihn den Prinzipien der Schulen erster Kategorie folgen und sich den Regeln der Schulen erster Kategorie unterwerfen; das heisst, wenn sie nie vergessen, was ihnen einmal gesagt wurde und wenn sie mit dem Lehrer nicht argumentieren.

16 Das wird manchmal *Schularbeit imitieren* genannt.

17 In ein und derselben Schule kann es unterschiedliche Schüler geben, das heisst Schüler von Schulen der ersten Kategorie und Schüler von Schulen der zweiten Kategorie. Dieser Unterschied zwischen den Schülern wird allein durch ihre Einstellung dem Lehrer gegenüber bestimmt.